内容提要

　　本书对蘑菇、草菇安全生产技术构成体系，安全生产和产品加工需要的基本条件，各个生产环节的关键技术等进行了阐述。内容包括蘑菇、草菇安全生产产地环境要求，生产场地与设施建设，栽培基质选择与配比，出菇栽培管理以及保鲜、加工、包装、运输、贮藏等全过程的安全规范技术。适于从事食用菌管理、生产、加工及营销等相关人员参考。

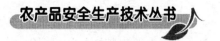

农产品安全生产技术丛书

蘑菇 草菇
安全生产技术指南

李彩萍 编著

中国农业出版社

图书在版编目（CIP）数据

蘑菇、草菇安全生产技术指南/李彩萍编著 . 一北
京：中国农业出版社，2011. 10
（农产品安全生产技术丛书）
ISBN 978 - 7 - 109 - 16056 - 9

Ⅰ.①蘑… Ⅱ.①李… Ⅲ.①蘑菇－蔬菜园艺－指南
②平菇－蔬菜园艺－指南 Ⅳ.①S646.1

中国版本图书馆 CIP 数据核字（2011）第 186202 号

中国农业出版社出版
（北京市朝阳区农展馆北路 2 号）
（邮政编码 100125）
责任编辑 黄　宇
加工编辑 郭　科

中国农业出版社印刷厂印刷　　新华书店北京发行所发行
2012 年 1 月第 1 版　　2012 年 1 月北京第 1 次印刷

开本：850mm×1168mm 1/32　　印张：6.75　　插页：1
字数：176 千字
定价：15. 00 元
（凡本版图书出现印刷、装订错误，请向出版社发行部调换）

前　言

蘑菇和草菇是我国传统栽培的大宗食用菌品种。蘑菇、草菇的营养价值都很高，享有"保健食品"和"素中之王"美称，深受市场的青睐。现代医学表明，蘑菇对病毒性疾病有一定的免疫作用，蘑菇多糖具有一定的抗癌活性，能抑制肿瘤的发生发展，对小鼠肉瘤 S－180 和艾氏癌的抑制率分别为 90％和 100％。蘑菇所含的酪氨酸酶能溶解一定的胆固醇、降低血压，是一种降压剂。中医认为蘑菇味甘、性平，有提神、助消化、降血压的作用。经常食用蘑菇，可以预防肿瘤的发生，降低血脂，防治坏血病、恶性贫血，促进伤口愈合和辅助解除铅、砷、汞等的中毒，兼有补脾、润肺、理气、化痰之功效。因此，蘑菇是一种味道鲜美，营养齐全，具有保健作用的健康食品。草菇同样也有很好的营养价值和保健作用，草菇的维生素 C 含量高，能促进人体新陈代谢，提高机体免疫力，增强抗病能力，具有解毒作用，如铅、砷、苯进入人体时，可与其结合，形成抗坏血元，随小便排出。草菇蛋白质中，含有人体必需的 8 种氨基酸，占氨基酸总量的 38.2％；还含有一种异种蛋白物质，有抑制癌细胞生长的作用，特别是对消化道肿瘤有辅助治疗作用。它能减缓人体对碳水化合物的吸收，是糖尿病患者的良好食品。中医认为草菇性寒、味甘、微咸、无毒，能消食祛热，补脾益气，清暑热，滋阴壮阳，增加乳汁，防止坏血病，促进创伤愈合，护肝健胃，增强免疫力，是食药兼宜的保健食品。

蘑菇和草菇是我国主要出口创汇菇种，2009年全国食用菌产品出口70多万吨，其中仅蘑菇、草菇就有40多万吨。因此，实施蘑菇、草菇安全生产，对于提高产品质量，进一步增强产品在国际市场中的竞争力，增加菇农收入，实现产业可持续发展具有重要意义。从蘑菇、草菇菇体结构特点和栽培的角度来看，蘑菇、草菇表面缺少蜡质层等保护组织，抗逆性较弱，菌丝生长和子实体发育对生态环境变化敏感。一旦栽培环境发生恶化，会严重影响其产量和质量，甚至绝产。无污染的栽培环境是生产优质蘑菇、草菇的基本条件，如果生产地区生态环境好，培养料安全，那么就会提升蘑菇、草菇的品质。此外，培养基质、添加剂和辅助剂，如原辅材料、生产加工用水、消毒药剂和农药等都会对蘑菇、草菇的安全产生影响。

蘑菇、草菇与其他食品一样，重金属和农药残留是影响其安全性的一个主要问题，发展无公害、绿色、有机蘑菇和草菇势在必行。在某些情况下，使用农药对控制蘑菇、草菇的产量损失确实起到了重要的作用，但却影响着蘑菇、草菇的质量，而且使病虫害产生抗药性，导致施药量、施药次数和防治成本不断增加，造成农药污染食用菌和产地环境，影响人体健康，阻碍产品出口等严重后果。由于蘑菇、草菇的生物学特性和一般的蔬菜有着很大的不同，在蔬菜生产中能够使用的农药种类，不能够在蘑菇或草菇生产中使用。如果把一些作物、蔬菜、果树上用的农药用到蘑菇或草菇栽培中，可能导致蘑菇、草菇产品农药残留超标。目前，我国获得登记可用于食用菌使用的农药种类较少，已经登记的只有10种农药（附录二），没有登记的农药不能在蘑菇或草菇栽培中使用。另外，从各国的标准来看，同种农药的残留限量标准有很大差异，因此，对于出口国外的生产基地或者企业，应根据出口目标国的标准来制定生产基地的安全生产技术标准，同时还要及时掌握国外标准的变化情况，以便调整生产的用药品种。

　　本书编写依据主要是作者多年来从事食用菌工作的总结，也查阅了许多同行有关食用菌方面的书籍或文章，并引用了部分图片等资料，同时还得到了一些同行的热情帮助和指导，在此一并表示感谢。

　　由于作者水平有限，书中的某些论述或观点若有不妥与不完善的地方，希望各界同仁和广大读者提出批评指正。

编著者

目 录

第一章

蘑菇、草菇安全生产概述

蘑菇和草菇是我国食用菌生产的传统主栽品种，也是出口创汇的主要品种。实施蘑菇、草菇安全生产，对于提高产品质量，进一步增强产品在国际市场的竞争力，增加菇农收入，实现产业可持续发展具有重要意义。那么，什么是蘑菇、草菇的安全生产？从广义上来讲，就是按照我国有关食品安全、农产品安全、食用菌安全的一系列法律、法规及标准进行的蘑菇、草菇生产技术操作或产品加工。具体来讲，就是在蘑菇、草菇生产过程中实施源头控制，使用的生产资料包括栽培材料、生产用水、覆土等材料均不含有害杂质，在栽培基质中不添加及在出菇过程中不使用国家标准规定以外的农药或化学药品，不使用生长调节剂，不向菇体喷洒农药。在产品加工中不使用国家禁止使用的添加剂、防腐剂，不过量使用国家规定允许使用的添加剂、防腐剂等。

第一节 蘑菇、草菇安全生产
技术构成体系

蘑菇、草菇安全生产技术由产地环境、生产技术规程、产品质量标准三大体系构成（图1-1）。产地环境影响产品质量，但是生产本身及实施过程中的行为等不能对环境及对环境生物产生危害。因此，该体系互为因果，也互为支撑，环境好是生产高品质产品的前提，但产品好不能影响环境质量，如栽培过蘑菇或草菇的废弃物不要随便乱扔，应采取无害化处理，决不能因单纯追求产品质量而造成环境质量的下降。

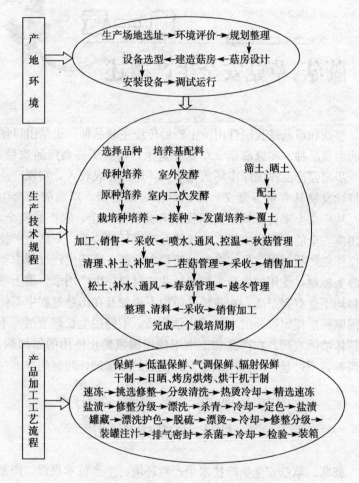

图1-1 蘑菇安全生产技术流程图

一、产地环境

生产基地环境质量应符合《无公害食品 食用菌产地环境

条件》（NY 5358—2007）要求，包括水源、大气质量、土壤状况、生态状况、卫生条件、地理位置、地形地势、有无污染源等。

　　场地环境应选在远离可能造成污染的地方，周边环境符合食品卫生要求，必须远离排放"三废"（废气、废水、废渣）的厂矿，没有污染源和尘土，要远离人口密集的居民点，还要防止城市生活垃圾及有害废气、废水造成的污染，禁止与化工厂、污水沟等靠近，也不要建在养牛或养猪场等易发生虫、蝇的环境卫生较差场所的旁边，否则，在生产期间极易招致害虫咬食菌丝和菇体，增加灭虫用药成本，不利于安全生产技术的实施。

　　栽培场所要选择在坐北朝南，地势平坦开阔，靠近水源，水质良好，排水方便，光照充足，交通便利，有利于空气流通和光照充足的地方。

　　环境中的水源、大气及土壤的质量应符合表 1-1 中所列标准。

表 1-1　产地环境水源、大气及土壤质量指标

项　目		指标（毫克/升）
	氯化物≤	250
	氰化物≤	0.5
	氟化物≤	3.0
	总汞≤	0.001
水	总砷≤	0.05
	总铅≤	0.1
	总镉≤	0.005
	铬（六价）≤	0.1
	石油类≤	1.0
	pH	5.5～7.5

（续）

项　　目	指　标	
	日平均	1小时平均
大气　总悬浮颗粒物（TSP）（标准状态）（毫克/米³）	0.30	
二氧化硫（SO₂）（标准状态）（毫克/米³）	0.15	0.50
氮氧化物（NOₓ）（标准状态）（毫克/米³）	0.10	0.15
氟化物（F）[微克/（分米³·天）]	5.0	
铅（Pb）（标准状态）（微克/米³）	1.5	

项　　目	指标（毫克/升）		
	pH<6.5	pH6.5~7.5	pH>7.5
土壤　总汞 ≤	0.30	0.50	1.0
总砷 ≤	40	30	25
总铅 ≤	100	150	150
总镉 ≤	0.30	0.30	0.60
总铬 ≤	150	200	250
六六六≤	0.5	0.5	0.5
滴滴涕≤	0.5	0.5	0.5

　　在蘑菇、草菇栽培中，原材料与水的用量之比约为1∶3，栽培基质中的含水量为65%~68%，鲜菇的水分达到90%左右。因此，水源质量对蘑菇、草菇的安全性有直接影响，应当使用符合GB 5749—2006生活饮用水标准的水源，绝对不能用污水或臭水沟中的水，尤其是工业废水更不能使用，这类废水中除了重金属外，还含有苯、醛、酚等有毒化合物，不仅不利于菌丝的生长，而且会污染菇体。

　　大气质量悬浮颗粒物、二氧化硫（SO₂）、氮氧化物（NOₓ）、氟化物（F）、铅（Pb）是工矿区、公路两旁大气中的主要污染物。因此，栽培场地应建在距工矿区有一定距离的地方，不要建在公路旁。目前已知二氧化硫（SO₂）污染对食用菌生长发育和品质有较大的影响，如平菇在冬季栽培中，用煤炉取暖的温室内的平菇子实体会变成淡蓝色，这是由于平菇子实体吸水性强，极易将煤烟中的二氧化硫吸附，并产生生化反应，生成亚硫酸盐（SO_3^{2-}）或亚硫酸氢盐（HSO_3^-），对人体有一定的毒副作用。

土壤质量是通过土壤中重金属和农药的残留来评价的。没有受到污染的土壤中重金属的含量，即天然本底通常都很低，如铅在地壳中的含量为0.001 6%，但是由于铅的开采和冶炼，靠近冶炼厂附近的表层土壤铅的含量达0.1%以上，超标60多倍。因此，在选择蘑菇、草菇栽培场地时一定要避开高污染的厂矿区。覆土材料要到远离污染源的山区取泥炭土、草炭土，避免土壤对蘑菇、草菇造成污染。

二、生产技术规程

（一）栽培材料

《无公害食品 食用菌栽培基质安全技术要求》（NY 5099—2002）（以下简称《要求》）规定了食用菌栽培基质用水、主料、辅料及覆土用土壤的安全技术要求，并限定了化学添加剂、杀菌剂、杀虫剂的使用种类。

1. 水 生产用水质量应符合GB 5749—2006生活饮用水标准的规定。

2. 主料 是指组成栽培基质的主要原材料，在食用菌品种中，根据其适宜生长的培养基栽培原料的不同，分为木生菌和草生菌两大类，蘑菇和草菇属于草生菌，栽培中使用的主料有棉籽壳、玉米芯、稻草、麦秸、玉米秸、豆秸、花生秸、花生壳、酒糟、醋糟、甘蔗渣、废棉等。

3. 辅料 是指组成栽培基质时，需要加入的少量高含氮量物质，用以提高基质的营养成分。这类物质有麸皮、玉米粉、米糠、豆饼、禽畜粪便等，要求无霉变、无异味、无有害杂质等。

4. 栽培基质的处理　在栽培基质处理中不允许加入农药或化学药剂，经灭菌处理后的栽培基质要达到无杂菌或无有害杂菌状态。

5. 覆土材料　可采用泥炭土、草炭土、壤土等作覆土材料，覆土应符合表1-1中规定的标准值。

6. 其他添加剂　在栽培基质中可以加入补充氮、磷、钾、硫、钙的化学物质，这类物质有尿素、硫酸氢铵、碳酸氢铵、氰铵化钙（石灰氮）、磷酸二氢钾、磷酸氢二钾、石灰、石膏、碳酸钙等。其用量因不同品种而有不同，一般使用量与方法参见表1-2。

表1-2　栽培基质中常用的化学物质种类、用量和使用方法

添加剂种类	用量与使用方法
尿素	0.1%～0.2%，均匀拌入栽培基质中，补充氮素营养
硫酸氢铵	0.1%～0.2%，均匀拌入栽培基质中，补充氮素营养
碳酸氢铵	0.2%～0.5%，均匀拌入栽培基质中，补充氮素营养
氰铵化钙	0.2%～0.5%，均匀拌入栽培基质中，补充氮素和钙素营养
磷酸二氢钾	0.05%～0.2%，均匀拌入栽培基质中，补充磷和钾
磷酸氢二钾	0.05%～0.2%，均匀拌入栽培基质中，补充磷和钾
石灰	1%～5%，均匀拌入栽培基质中，补充钙，调整 pH
石膏	1%～2%，均匀拌入栽培基质中，补充钙和硫，稳定 pH
碳酸钙	0.5%～1%，均匀拌入栽培基质中，补充钙

7. 不允许使用的化学药剂　高毒农药和混合型添加剂不得在栽培基质中加入。

混合型添加剂：主要是指植物生长调节剂及含有植物生长调节剂或成分不清的混合型基质添加剂。

高毒农药主要有3911、苏化203、1605、甲基1605、1059、杀螟威、久效磷、磷胺、甲胺磷、异丙磷、三硫磷、氧化乐果、

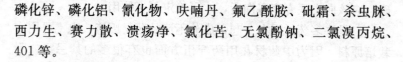

磷化锌、磷化铝、氰化物、呋喃丹、氟乙酰胺、砒霜、杀虫脒、西力生、赛力散、溃疡净、氯化苦、无氯酚钠、二氯溴丙烷、401 等。

（二）培养基配制

培养基配制时不可随意加入自认为可增产的成分，如化肥、激素等。培养基配方要兼顾高产与优质，成本与效益的关系，既要满足蘑菇、草菇菌丝生长与子实体发育需要，获得高产优质的产品，又要从经济学观念出发，因地制宜，尽可能多地使用当地原材料资源，降低成本，节约开支，获取最大效益，增产又增效。因此，在培养基配制上要遵循以下几条原则。

1. 安全性　安全性是培养基配制中应遵循的首要原则，必须按照《要求》进行主料与辅料的选择及配比，如果遇到所选材料在《要求》中没有提及，自己又拿不准时，可向有关专家或到当地有关部门进行咨询。如有些地方的中药材残渣很多，是否可以用作栽培原料？由于在《要求》中没有作出具体的规定，因此作为主料选用时要慎重。要根据以下几项原则进行选用：

一是具有可靠药性，没有副作用且无毒的单一药材的残渣，可用作栽培原料。如黄芪、党参等，黄芪是著名的滋补药材，具有增强肌体免疫、利尿、降低血压、提高心脏排血量、消炎、抗衰老、抗应激及解毒的功能和作用，药材本身无毒副作用，主要成分为黄芪多糖、多种氨基酸、生物碱、叶酸及多种微量元素，因此，黄芪不仅可用作栽培原料，而且对提高产品的品质也有好的作用。

二是虽具有可靠药性，但有毒或副作用很强的药材残渣，不可用作栽培原料。如附子味辛、甘，性大热，具有回阳救逆、补火助阳、逐风寒湿邪的功效，但其主要成分为毒性很强的双酯类生物碱，为孕妇禁用药。因此，像这一类中药材，是决不可用来栽培蘑菇或草菇的。如果药材虽然无毒，但其副作用不是很明确，应该向中医专家咨询后，才可确定是否使用。

三是许多药材混在一起，成分不清的药材废渣，也不可用作栽培原料。因为中药材在用药配伍方面也有很多的禁忌，如附子，不宜与半夏、瓜蒌、贝母、白及同用。如果使用成分不清的药材废渣，就有可能犯了中药配伍的禁忌，产生不良后果。

2. 营养性 培养基养分含量的高低，一般用碳氮比（C/N）来表示，碳氮比越小表示培养基的养分含量越高，碳氮比越大表明培养基养分越低。但是，在蘑菇、草菇生长发育过程中，并不是碳氮比越小越好，蘑菇、草菇对培养基中碳元素与氮元素的转化利用有一定比例，即碳氮比要适宜，蘑菇培养基适宜的碳氮比为 30～33∶1。草菇培养基适宜的碳氮比为 40～45∶1。培养基碳氮比是否适宜，直接影响着蘑菇、草菇菌丝的生长发育和子实体产量的高低。

由于所选主料的碳氮比（表 1-3）都要比培养基适宜的碳氮比低，因此，在蘑菇或草菇培养基配制时必须通过加入适量的辅料对培养基碳氮比进行调节，方法如下。

例 1：选用玉米秆为培养基主料，麦麸作辅料时的碳氮比调整。

设玉米秆干料为 100 千克，碳氮比调整在 35∶1 时，需要加入多少千克的麦麸？计算如下。

从表 1-3 可查知，玉米秆的含碳率为 43.3%，含氮率为 1.07%，实际碳氮比约为 41∶1；那么，如果把碳氮比调整为 35∶1 时，其含氮率可通过公式求得：

设碳氮比调整为 35∶1 时，所需含氮率为 X，

列比例式 $\qquad 41\% ∶ X = 35∶1$

$$X = 41\% \div 35 = 1.17\%$$

即培养基中的含氮率应达到 1.17%，而玉米秆的实际含氮率为 1.07%，因此，应补充的氮素量为：

$$100 \times (1.17\% - 1.07\%) = 0.1 （千克）$$

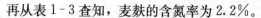

再从表1-3查知，麦麸的含氮率为2.2%。

因此，　　　　0.1÷2.2%＝4.5（千克）

即在100千克玉米秆干料中应加的麦麸量为4.5千克。

表1-3　培养基中常用主料与辅料的碳氮比（C/N）

材　料	碳（C,%）	氮（N,%）	碳氮比（C/N）
稻　草	45.39	0.63	72:1
稻　壳	41.64	0.64	65:1
麦　秸	47.03	0.48	98:1
棉籽壳	56.0	2.03	28:1
玉米秆	43.30	1.07	41:1
玉米芯	58.4	1.70	34:1
玉米粉	50.92	2.28	22:1
麦　麸	44.74	2.20	20:1
米　糠	41.2	2.08	20:1
豆　饼	45.42	6.71	7:1
鸡　粪	4.1	1.3	3:1
猪　粪	25	0.56	44:1
羊　粪	16.24	0.65	25:1
牛　粪	31.79	1.33	24:1
马　粪	18.6	0.55	34:1

例2：选用玉米芯为培养基主料，玉米粉作辅料时的碳氮比调整。

设玉米芯为100千克，求碳氮比调整为30:1时，需要加入多少千克的玉米粉？

从表1-3查知，玉米芯的含碳率为58.4%，含氮率为1.7%，实际碳氮比为34:1。

设玉米芯碳氮比调整为30:1时，所需含氮率为X，

那么　　　　　　　$X = 58.4\% \div 30 = 1.94\%$

应补充的氮素量为：

　　　　$100 \times (1.94\% - 1.7\%) = 0.24$（千克）

再从表1-3查知，玉米粉的含氮率为2.28%，需要添加的玉米粉量为：

　　　　$0.24 \div 2.28\% = 10.5$（千克）

即在100千克玉米芯干料中应加的玉米粉量为10.5千克。

例3：选用稻草为培养基主料，米糠作辅料时的碳氮比调整。

设稻草为100千克，求碳氮比调整在32∶1时，需要加入多少千克的米糠？

从表1-3查知，稻草的含碳率为45.39%，含氮率为0.63%，实际碳氮比为72∶1。同样，设稻草碳氮比调整为32∶1时，所需含氮率为X，

那么　　　　　　　$X = 45.39\% \div 32 = 1.42\%$

应补充的氮素量为：

　　　　$100 \times (1.42\% - 0.63\%) = 0.79$（千克）

再从表1-3查知，米糠的含氮率为2.08%，需要添加的米糠量为：

　　　　$0.79 \div 2.08\% = 37.98$（千克）

即在100千克稻草干料中应加的米糠量为37.98千克。

例4：在实际生产中，往往会遇到混合料栽培的问题，因此，有必要对混合料培养基碳氮比的调整再作如下介绍：

设稻壳和废棉各为100千克，求碳氮比调整为30∶1时，需要各加入多少千克的豆饼与鸡粪？关于此类问题，看起来复杂，实际解决并不难，可以先分别算出稻壳和废棉需加入豆饼与鸡粪的量，然后再相加即可。

第一步，先求出稻壳需加入豆饼与鸡粪的量。

从表1-3查知，稻壳的含碳率为41.64%，含氮率为

0.64%，实际碳氮比为 65∶1。设碳氮比调整为 30∶1 时，所需含氮率为 X，

那么　　　　$X=41.64\%\div30=1.38\%$

应补充的氮素量为：

　　　　$100\times(1.38\%-0.64\%)=0.74$（千克）

再从表 1-3 查知，豆饼的含氮率为 6.71%，鸡粪的含氮率为 1.3%，如果把应补充的氮素量（0.74 千克）平均分配，即 0.37 千克的氮素加入豆饼，0.37 千克的氮素加入鸡粪，则分别为：

　　　　$0.37\div6.71\%=5.5$（千克）

　　　　$0.37\div1.3\%=28.5$（千克）

即在 100 千克稻壳干料中应加入豆饼 5.5 千克，鸡粪 28.5 千克。

第二步，再求出废棉需加入豆饼与鸡粪的量。

从表 1-3 查知，废棉的含碳率为 49.94%，含氮率为 1.22%，实际碳氮比为 41∶1。设碳氮比调整为 30∶1 时，所需含氮率为 X，

那么　　　　$X=49.94\%\div30=1.66\%$

应补充的氮素量为：

　　　　$100\times(1.66\%-1.22\%)=0.44$（千克）

同样如果把应补充的氮素量（0.44 千克）平均分配，即 0.22 千克的氮素加入豆饼，0.22 千克的氮素加入鸡粪，则分别为：

　　　　$0.22\div6.71\%=3.3$（千克）

　　　　$0.22\div1.3\%=16.9$（千克）

即在 100 千克废棉干料中应加入豆饼 3.3 千克，鸡粪 16.9 千克。

最后相加　　$5.5+3.3=8.8$（千克）（豆饼）

　　　　　　$28.5+16.9=45.4$（千克）（鸡粪）

即 100 千克稻壳与 100 千克废棉的混合料中应分别加入豆饼 8.8 千克，鸡粪 45.4 千克。

3. 通气性　蘑菇、草菇属于好气性真菌，在其生长发育过程中，菌丝必须通过呼吸作用吸入氧气，才能分解和利用培养基中的木质素、纤维素及半纤维素等。因此，通气性是配制培养基时必须注意的一个重要方面，培养基不仅要有丰富的营养，而且要有良好的物理结构，以利于培养基内外的气体交换。

培养基通气性的大小，主要决定于材料特性、颗粒度、松紧度 3 个方面。

材料特性：不同材料具有不同的透气性。如废棉，是由许多纤细的棉纤维组成，在干燥条件下具有一定的透气性。但是，它有很强的吸水特性，含水量可以达到 80% 以上。因此，当棉纤维充分吸水后，纤维间的空气被水分挤出，而水分子占据了大部分空间，会阻碍空气的流动或通过。但如果把水分子强行挤出，棉纤维又会在负压下紧紧缠绕在一起，同样不利于空气的流动或通过。解决废棉透气性差的办法是掺入通气性好的颗粒状物质，实践证明，掺入粉碎后的玉米芯颗粒是较好的材料之一。经过充分拌匀后，玉米芯颗粒可以占据棉纤维间的空间，使纤维间的空间加大，可以增大废棉的透气性。

颗粒度：不论选用哪一种栽培材料，颗粒度都不能太大或太小。如玉米芯是在干燥条件下粉碎的，颗粒有大有小，一般情况下，最大颗粒在 1 厘米左右为宜。如果颗粒太大，配制培养基时颗粒间的空隙大，透气性太强，保水能力降低，水分散发快，不利于菌丝生长。如果颗粒太小，培养基密不透气，不利于菌丝向料内穿透生长，因此，配制培养基时，粗细搭配，对改善通气性有很好的作用。

松紧度：培养基装袋时要松紧适宜，不可太紧或太松。太紧密不透气，菌丝不能向内生长，太松菌丝细弱而松散，不利于出菇。

4. 保水性 蘑菇、草菇的生长发育离不开碳源、氮源、矿物质元素、维生素等营养成分，这些营养物质必须溶于适宜的水分条件下，才能被菌丝有效吸收和利用。子实体产量高低与培养基的保水性呈正相关，在营养、通气等条件满足的情况下，培养基保水性越好，子实体产量越高。培养基保持水分时间越长，出菇时间越长，子实体产量也越高。

培养基保水性强弱，取决于培养料持水和保水能力的大小，不同培养料持水和保水的能力差别很大。废棉与棉籽壳持水和保水能力都很强，玉米芯有一定持水能力，但保水能力较差，秸秆和皮壳类材料，如玉米秆、稻草、麦秆、豆秸、稻壳等，持水和保水能力都很差，必须通过发酵软化并充分吸水后，才能使用。

（三）出菇管理

在出菇过程中，病虫害最容易发生，要严格规范各种杀虫和杀菌农药的使用范围及时间。特别是草菇属于高温型品种，在高温高湿环境下，一旦病虫害发生后，很难对病虫害做到彻底控制，应做好隔离工作，制菌与出菇场地最好分开，定时消毒灭菌，清除废菌袋，避免病虫害交叉感染。如出现交叉感染时，应暂停发菌制种工作，彻底消除病虫害污染源，再重新启动生产程序。否则，在生产过程中将出现边生产，边污染，生产越多，污染越多的不利局面，给生产造成较大的损失。

（四）病虫害防治

应按照"预防为主，综合防治"的方针，坚持"以农业防治、物理防治、生物防治为主，化学防治为辅"的原则，规范病虫害防治技术，确保产品安全优质。

（五）残渣处理

随着我国蘑菇、草菇及其他食用菌品种栽培面积越来越大，采菇结束后的废菌料残渣也越来越多，有些地方把废菌料残渣随意倾倒，造成菇场周围杂菌、蝇虫滋生，塑料膜随风乱飞，严重污染了环境，致使病虫害防治难度加大。根据《中华人民共和国固体废物污染环境防治法》对生产废物的处理要求，废菌料残渣不仅不能随意倾倒，同时还应对废菌料残渣进行合理利用与无害化处置，促进清洁生产和循环经济的发展。因此，废菌料的利用及处理也是蘑菇、草菇安全生产的一个重要组成部分。

蘑菇、草菇栽培后废菌残渣的合理利用与无害化处理可采取以下几项措施。

1. 废料作沼气池的原料　在建有沼气池的地方，废料作为沼气池的原料具有提早产气和提高产气率的良好作用。经过蘑菇菌丝分解利用后的废料中半纤维素、纤维素、木质素等大分子化合物已被分解，很容易被沼气微生物所利用，因而可以很快产出气来。

2. 废渣沤制肥料　采菇结束后，把废渣运出菇房，选择在田间地边的空地，废料捣碎堆积成堆，然后用田间的土覆在废料堆上，覆土厚度3～5厘米，让其自然沤制，或者在覆土前把人粪尿撒在堆上再覆土，沤制的效果会更好，这是一种最简单而简便易行的处理方法。沤制好的肥料可以配制种植花卉的基质，比例是：菌肥3份＋泥炭5份＋蛭石（或河沙）2份，也可以根据不同花卉需要进行配制。

三、产品标准

（一）卫生标准

蘑菇、草菇鲜菇从采收到被消费者购买食用的过程很短，因而对蘑菇、草菇鲜菇的农药残留具有很高的要求，在子实体生长期间不允许使用任何农药喷洒在菇体上，在采收前更是绝对禁止喷洒或熏蒸任何农药。

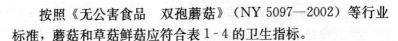

按照《无公害食品 双孢蘑菇》（NY 5097—2002）等行业标准，蘑菇和草菇鲜菇应符合表1-4的卫生指标。

表1-4 蘑菇、草菇鲜菇的卫生指标

项 目	指标（毫克/千克）
砷（以 As 计）	≤0.5
铅（以 Pb 计）	≤1.0
汞（以 Hg 计）	≤0.1
镉（以 Cd 计）	≤0.5
亚硫酸盐（以 SO_2 计）	≤50.0
多菌灵（carbendazim）	≤0.5
敌敌畏（dichlorvos）	≤0.5

在子实体中要达到4个不超标：一是农药残留不超标，不能含有禁用的高毒农药，其他农药的残留不超过允许量，因此在食用菌生产中必须严禁使用高毒农药，不仅在栽培料中不能使用，在出菇期间更不能使用，其他农药或化学品也应严格按照使用方法及用量来使用。二是"三废"等有害物不超标，重金属及有毒化合物不超过规定的允许量。三是致病菌及其产生的毒素不超标，特别是当选用的原材料中有发霉变质时要挑选出来烧掉或掩埋。四是硝酸盐含量不超标。

（二）感官标准

蘑菇、草菇鲜菇的感官标准要求如下：

1. 无霉变 霉变菇易在高温、高湿、采收不及时、病害严重的情况下发生，因此在出菇期间必须创造良好的生长环境，及时清除菌袋上的病菇和死菇。

2. 无杂质异物 鲜菇中的杂质异物一是采收时菇体没有清理干净，菇体上带有泥土和培养料；二是在装运过程中，菇体沾染上杂质，如手或用具不清洁等。因此在采收和装运及销售过程中都要严格把关，做到菇体不带杂质。

3. 无虫蛀或虫蚀 虫蛀与虫蚀或者是菇体上带有虫的躯体，说明菇房的虫害已非常严重，应及时采取物理和生物防治的措施加以灭虫，同时尽快采收完鲜菇，再结合化学防治彻底地灭杀害虫。

4. 含水量 鲜菇的含水量应为 85%～90%，含水量低于 80%，菌盖易破裂，影响美观；含水量高于 90%，菇体呈水渍状，菌盖易萎蔫，品质下降。采收前，不可为了增加菇体的重量而大量喷水，更不能在水中浸泡。

5. 色泽 蘑菇鲜菇的自然色泽为乳白色，草菇的自然色泽为灰褐色。

6. 气味 气味为菇体的清香味略带泥土味。

第二节　蘑菇、草菇安全生产需要的基本条件

根据蘑菇、草菇生产工艺流程，分为菌种制作、出菇栽培、产品加工 3 个阶段，不同阶段需要不同的生产条件。

一、菌种生产所需条件

（一）接种工具

用于菌种的转接，接种工具除了一些必须购买外，部分可以自做。

1. 接种钩 主要用于母种转管。可以用细一点的自行车辐条，把一端的螺丝帽去掉磨成针状，然后把尖端 3～5 毫米处弯曲成直角即成。

2. 接种耙 适用于母种转接原种。要用粗一点的自行车辐条，把一端的螺丝帽去掉并锤成扁状，把边缘剪齐并打磨光滑，

然后把前端2～3毫米处弯曲成直角即成。接种时划割试管斜面培养基1厘米大小的菌块，并快速地放入原种瓶内。

3. 接种铲　常用于破碎原种瓶内的菌块。同样是用粗一点的自行车辐条，把一端的螺丝帽去掉锤成扁状，把边缘剪齐并打磨光滑即成。

4. 接种勺　原种转接栽培种时用来舀取菌块，用不锈钢勺和金属棒焊接而成。

5. 镊子　用于接种时镊取消毒棉、菌块等，应购买前端内侧带齿纹的长镊子。

（二）玻璃器皿

1. 试管　用于制作母种，常用的规格为口径18～20毫米，长180～200毫米。

2. 量杯　500毫升和1 000毫升各1个，用于量度培养基。

3. 漏斗、漏斗架、乳胶管、止水夹　用于给试管内分装培养基。

4. 酒精灯　用于试管母种转管或转接原种时的火焰接种。

5. 广口瓶　用于盛放酒精或酒精棉球。

6. 温度计和温湿度计　测培养室或菇房的温湿度用干湿球温度计，测培养料温度用玻璃温度计。

（三）菌种容器

1. 菌种瓶　用于制作原种，有玻璃瓶和塑料瓶（图1-2）两种。

2. 罐头瓶　由于菌种瓶价格较贵，可用罐头瓶代替培养原种。但罐头瓶的缺点是口径

图1-2　塑料菌种瓶

大，易散失水分，接种时易被杂菌污染，可改进封口的方法，采用双层封口，第一层为聚丙烯膜，先在聚丙烯膜中间剪出直径约2厘米大小的圆洞，装料后先将其盖上，然后再盖上一层牛皮纸或双层报纸。接种时只需把牛皮纸或报纸打开，从塑膜的圆洞处将菌种接入，再迅速用牛皮纸盖好就可以。

3. 塑料袋　用于栽培种的生产，有两种材料的塑料袋，一是聚丙烯塑料袋，其优点是强度好，透明度高，便于观察菌丝生长情况，耐热性强，能耐132℃高温不熔化，缺点是低温时脆硬，温度越低越容易破裂。聚丙烯塑料袋常用的规格为长30厘米、宽17厘米、厚度0.04～0.05毫米。二是低压聚乙烯塑料袋，其优点是质地柔韧，在低温条件下不易脆裂，竖向抗拉力强，但横向易撕裂，透明度略差，能耐115℃高温，一般用于常压灭菌。

（四）其他用具

其他用具包括衡量器材，天平（感量0.1克）与磅秤；拌料装料工具，铁锹、小铲及水桶，有条件的还可购置拌料机、装瓶机、装袋机等。

（五）灭菌设备

灭菌是菌种生产的重要环节，有高压灭菌和常压灭菌两种方式，高压灭菌主要用于母种培养基和原种培养基的灭菌，常压灭菌主要用于栽培种培养基的灭菌。

1. 手提式高压灭菌锅　适用于接种工具、试管培养基或少量原种瓶的灭菌（图1-3）。

图1-3　手提式高压灭菌锅

2. 立式高压灭菌锅 适用于原种瓶灭菌，500 毫升罐头瓶一次能放 40 多瓶。

3. 卧式高压灭菌锅 主要用于原种瓶或少量栽培种的灭菌，500 毫升罐头瓶一次能放 200 多瓶。

4. 蒸汽锅炉 安装在锅炉房内，可产生大量的蒸汽，通过管道输入到完全封闭的钢制灭菌柜，根据产气量多少，一个蒸汽锅炉可带一个至数个灭菌柜，主要用于栽培种的灭菌，一次可灭几百袋至数千袋，适用于规模化生产。

5. 常压灭菌设备 菇农自己建造的土蒸锅，容积可大可小，优点是经济适用，结构简单，容易建造。由于没有压力，灭菌温度一般不会高于 $105℃$，缺点是灭菌时间长，燃料耗费多。不同地区菇农建造的土蒸锅各有优点，因此，可参照当地的土蒸锅来建造。

（六）消毒杀菌药剂和器具

在蘑菇、草菇生产上必须采取消毒与灭菌措施，才能防止和排除杂菌危害，使菌丝健康生长。

消毒与灭菌是两个不同的概念。消毒主要是用各种消毒药剂对物体表面活体进行的有害微生物的杀灭作用，如接种工具、接种环境等。灭菌则是指用物理或化学的方法杀死一、二、三级菌种培养料内外的一切杂菌，经过灭菌后基本上不存在任何活着的微生物。

在蘑菇、草菇生产上有两个术语要清楚，一是"杂菌"，主要指对蘑菇、草菇菌丝体或子实体产生危害的病毒、细菌、霉菌等，所谓"杂菌污染"就是指在菌丝体生长的培养基上出现了这些有害微生物。二是"无菌操作"，是指在接种室内的环境空间中，以及操作使用的工具与器皿、操作人员的手和衣服上都不带有活体微生物。

生产上，一般使用的消毒杀菌药剂和器具有以下几种：

1. 酒精 配制成 70%～75% 的溶液，擦洗手、接种工具、子实体的表面消毒等。

2. 来苏儿 配制成 1%～2% 的溶液擦洗超净工作台、接种箱、用具，或者用 3% 的溶液浸泡器皿 1 小时。

3. 漂白粉 配制成 2%～5% 的水溶液洗刷培养室、出菇房墙壁、地板、床架。有时也配制成 1% 的水溶液，用于出菇期喷洒，防治子实体的细菌性病害。

4. 紫外线灯 主要用于接种间的空气或物体表面的消毒。紫外线对人体的皮肤、眼黏膜及视神经有损伤作用，因此，应避免在紫外线灯下工作。

5. 噻菌灵 是一种杀菌剂，配制成 0.1% 的水溶液，主要用于防治蘑菇褐腐病，也可用于培养室或出菇房出菇前的喷雾消毒。

6. 克霉灵 是一类广谱性杀菌剂，对防治绿霉、黄曲霉、根霉、链孢霉等杂菌有较好的效果。有气雾型和拌料型两种，气雾型可用于接种间的空气消毒，防治各种杂菌的污染。

7. 消毒器 是一种臭氧发生器，主要用在接种间内，对各类杂菌有较好的杀灭作用，使用比较方便，异味小。

（七）制种设施

制种设施主要包括原料棚、配料场地、灭菌室、接种室、培养室及菌种储藏室等（图 1-4）。

1. 原料棚 由于菌种生产所需的原材料，如棉籽壳、玉米芯等体积大，尘埃多，不易存放在室内，一般在配料场地旁搭建成敞棚最好，既取用方便，又能防雨淋、日晒。

2. 配料场地 先用砖铺底，然后再用水泥沙子抹 1 厘米厚，阴干即成，大小可根据拌料多少确定。此外，也可直接利用原料棚内的空闲水泥地，不必再另建配料场地。

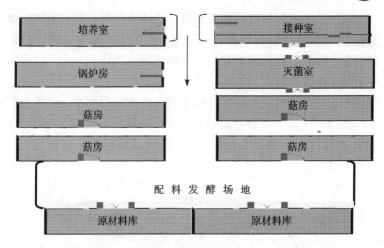

图 1-4 蘑菇生产场区平面示意图

3. 灭菌室 用来放置高压灭菌锅的房间，常压灭菌的土蒸锅一般不建在室内。

4. 接种室 标准的接种室分为里外两间，里间为接种间，又称无菌室，外间为缓冲间，这种结构的接种室主要用于母种转管及原种的接种。要求房间地面、墙壁、顶棚要平整光滑，以便于冲洗和消毒。门窗要紧密，不能走风漏气，否则，外边空气中的各种杂菌就易随空气的流动进入室内，门为推拉式，顶棚中央各安有 30 瓦紫外线灯和日光灯。缓冲间要有洗手处，并备有专用的工作服、鞋、帽、口罩，以及喷雾器和消毒药剂。接种间内应有工作台及常用工具和药剂，如酒精灯、酒精（70％、95％以上两种）、接种工具、脱脂棉、火柴或打火机、废物篓等，此外，在接种间还应放置接种箱或超净工作台。

超净工作台是利用空气洁净技术使工作台内操作区成为一种相对的无菌状态，它的优点是手的操作比在接种箱内方便灵活，因而能极大地提高工作效率，但它的造价较高，需向厂家或经销商购买。

接种箱用木材和玻璃加工制作，具体要求是：接种箱内顶部安装 30 瓦紫外线灯和日光灯各一盏，箱的正面或背面两个口装有布套，类似于我们的袖套，双手由此伸入操作，两个口外要设有推门，不操作时可以关闭。箱内一般只放置酒精灯、火柴和常用接种工具，其他物品待接种前才放入。由于空间小，箱内空气少，接种时间长了以后，酒精灯会熄灭，可在箱顶两侧各开一个直径 10 厘米左右的圆孔，并用数层纱布盖住，既防杂菌进入又有利于空气交换（图 1-5）。

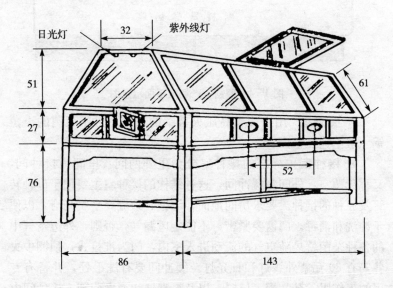

图 1-5　接种箱结构图（单位：厘米）
（引自杨国良等，2003）

接种室的使用要注意以下几点：

一是接种室在使用前检查用具是否齐全，如酒精灯是否需要添加酒精，消毒棉球有没有、够不够，检查完毕，把已灭过菌的试管培养基或原种瓶等搬入接种间（特别注意菌种不能同时放入），接种间和缓冲间用消毒液喷雾，开启紫外线杀菌灯，关好门窗，照射半小时。

二是半小时后关闭紫外线灯，先进入缓冲间，换上灭过菌的工作服、鞋、帽，戴上口罩，用药皂洗手，然后把需要转接的母种、原种等带上，带全需要的物品进入接种间进行接种。

三是接种前用 75% 酒精棉球擦手，操作时动作要轻缓，尽量减少空气波动，如遇棉塞着火，用手紧握即可熄灭，如不行可用湿布压灭，切不可用嘴吹。如有培养物洒落地面或打碎带菌容器，应用抹布蘸取消毒液，将培养物或容器碎片收拾到废物篓内，并擦洗台面或地板，再用酒精棉球擦手后继续工作。

四是接种过程中严禁人员随便出入，如必须进出接种间时，切勿同时打开接种间和缓冲间的门，出去时应关好接种间的门后再开缓冲间的门，进来时应关好缓冲间的门后再开接种间的门。工作结束后应立即将台面收拾干净，把接好的菌种放入培养箱或培养室，其他不应放在接种间的物品也拿出去，最后用消毒液擦洗台面和地面，退出开启紫外线灯照射半小时。

五是如在接种间内使用接种箱，接种箱使用前和使用后同样必须彻底消毒，要用消毒液把箱内外擦洗干净。如在接种间内使用超净工作台，要把超净工作台的空气过滤网擦洗干净，调整好出风量，风量太大易把酒精灯吹灭，风量太小则难以保证操作区的无菌状态。

在实际生产中，除了上述标准接种室的使用外，如果原种转接栽培种，或者是栽培种转接出菇袋的量很大，接种间又太小不便于操作，可以把一个较大的房间或者是温室内隔离出一个接种区，在大房间或温室内的接种区，可临时设置一个缓冲间，其他注意事项、操作规程、消毒灭菌方法应按照上述标准接种室的要求进行。

5. 培养室　培养室不宜过大，可根据生产要求，分别设置原种培养室与栽培种培养室。母种培养由于试管体积小，一般都放置在恒温箱或自制的保温箱内。为了满足菌丝生长发育对环境条件的需要，培养室要有较好的保温性能，门窗应能关闭紧密，墙壁要厚，寒冷地区可做成双层门窗。培养室内要有培养架、电炉或火炉、换气扇或空调，干湿温度计要挂在培养架上距地面1.2~1.5米处。蘑菇、草菇菌丝生长不需要光线，窗帘用黑布做成，培养菌种时应拉住遮光。

6. 菌种储藏室 用于存放已培养好，暂时不使用的菌种，菌种储藏要求黑暗、干净、通风、凉爽，最好有冷藏设备，才能保证菌种的储藏质量。

二、出菇生产所需条件

（一）菇房

菇房就是蘑菇、草菇生长的场所，主要是指人工建造的用于蘑菇、草菇出菇的厂房，温室大棚、塑料拱棚、经过改造的山洞、防空洞和空闲房屋等。根据菇房建造的特点，分为地上式、半地下式、地下式3种类型，菇房既可新建，也可利用旧厂房车间、地下室、人防工事、仓库等改造而成。

根据蘑菇、草菇生长发育对环境条件的要求，无论哪一种菇房，都要求具有能够协调温度、湿度、通风的结构和功能，应能适时地通过对温度、湿度、通风的调节，满足蘑菇菌丝生长与出菇需要。要有较好的保温、保湿性能，不易受外界条件变化的影响。通风换气良好，外边的风不能直接吹到菌床上。墙壁要便于清洗，有利于防治杂菌及害虫时减少农药的使用，防止虫害在菇房内发生与蔓延，保证菇体安全。因此，菇房性能的好坏对安全生产具有重要的作用，从我国大部分地区栽培的实际效果来看，菇房协调温度、湿度、通风的效果要好，建造成本大于温室大棚或拱棚，适应于大多数地区菇农的使用。

近年来，我国各地在农业设施建设中，菇房建造水平不断提高，跨度和高度适当加大，更便于人工与机械化在室内作业。在病虫害防治和调控方面，进排气口安装了防虫网，菇房内设置安装了光、色、气诱杀、捕杀菇蚊、菇蝇的设施，减少菇蝇等病虫害的发生，防止害虫对菇体的咬食，在出菇阶段杜绝了杀菌、杀虫农药的使用；在湿度调控方面安装了喷水雾化设施，同时还配套有湿帘、风机、外遮阳网等，可以有效地调节菇房内的温度、湿度、通风及光照强弱，大大改善了菇房环境，有利于促进蘑菇的生长发育，对提高产量和品质有良好作用。草菇产品成为绿色食品，因此，把这类菇房称为环境安全型菇房。环境安全型菇房投资最大的是用于温度调控的空调系统，其他杀虫设施、喷水雾化设施等投资并不大，可以根据自己的投资能力进行选用。在新建或改建菇房时要注意以下几点：

1. 菇房选址　菇房建造应选择地势较高，开阔，排水良好，靠近水源，水量充足，水质卫生，交通便利的地方，周围环境清洁，远离污染源，有堆料场地的地方，可选择农田或村边闲散不易耕作的土地进行建造。要求菇房排列和堆料场地布局合理，菇房占地率约 60%。

2. 菇房朝向　菇房的朝向最好是坐北朝南，东西走向，这样有利于通风换气，又可提高冬季室温，避免春、秋季节大风直接吹到菌床。对于长江中下游一带，冬季气温低，蘑菇生产在冬季均有一个低温停产阶段，为了保持菇房内的温度不至于下降得太低，设计建造菇房时应注意保暖设施。而福建、广东等地的栽培区，冬季气温不会太低，初冬季节还经常有高压控制，致使气温突然回升，这些产区，即使在全年最冷的 1～2 月也能正常出菇，所以在设计菇房时，应多考虑一些降暑降温和隔热设施。

3. 菇房大小　房间大小可因地而宜，但为了便于管理，新建菇房的面积不宜过大或过小。菇房过大、过深，菇房中部通风不良，通风换气不均匀，温湿度难以控制，杂菌、病虫容易发生和蔓延；栽培面积过小、栽培过浅则利用率不高，成本大，而且不利于保湿。

目前生产上一般每间菇房栽培面积以 $180\sim250$ 米^2 为宜。菇房从地面到屋顶高 $4\sim6$ 米、宽 $9\sim10$ 米、长 $20\sim25$ 米。南墙搭出廊檐，并留一个约 1 米多宽的走廊，这种规模的菇房管理方便，有利于运送栽培料和采收。

4. 菇房结构 菇房要设置门窗，为了使菇房内的废气及时排出，又能使外界新鲜空气迅速进入菇房，菇房要求开设地脚窗和屋顶气窗。一般大走道对应处南北各开一门，门顶上开小气窗，窗的上沿略低于屋檐。走道对应处均匀分布开设 5 个 35 厘米×25 厘米的气窗。最下面的地脚窗要开低些，离地 10 厘米为好，有利于排除沉积的二氧化碳气体，房顶设置抽气孔（图1-6）。

图1-6 地上砖式结构菇房

菇房墙用石灰泥垒砖，四壁光洁，以防害虫躲藏，所有漏风处要堵塞，利于消毒和保温、保湿。里面先用石灰泥抹一遍，再用石灰泥刷一遍，外面水泥抹缝；房顶用竹竿、薄膜等材料搭建，屋顶应有一定斜度，如果菇房屋顶斜度不够，屋顶凝结水下滴造成上层菇床堆肥过湿，并影响出菇和产量。菇房长期处于潮湿的环境之中，菇床要承担每平方米500～600千克的培养料和覆土的重量，因此菇房和床架要搭建牢固。菇房地面要整平，地面铺砖，水泥灌缝，最好铺设水泥地；柱脚架必须绝对垫平，避免在软质沙土上搭建；要采用成熟毛竹或硬质木作为菇架材料；如果兴建只留一个旁门的菇棚，菇房两头四个角上，分别开设地脚窗和气窗，窗长0.66米、宽0.45米。屋顶中央和距中央4.5米处开设3个屋顶气窗，其底部直径0.2米、高1米。一些旧房舍改成的菇房，可参考正规菇房而建造，但必须强调要做好排气换气的设置，若旧房不能开气窗，靠开门通气的，要想办法设置抽气装置，不能在房顶的，可在墙的上方修建，但要低于屋檐才好。

5. 菇房保温 菇房要有较好的保温性，一方面要防止热气外流，如蘑菇培养料后发酵期间需要从外部通入热蒸汽加温。另一方面不让外面冷热空气侵入，如在秋冬季节子实体生长期。墙壁、屋面要采取保温措施，一般墙厚30～36厘米，以减轻气温突然变化对蘑菇生长的不利影响。

6. 菇房通风 蘑菇生长发育过程中所需的新鲜空气，依靠菇房通风进行控制和调节。良好的通风，应在菇房缓慢扩散，对流而过，不留死角，能够"吃得进、排得出"，保证蘑菇的生长发育。蘑菇生长过程中需要大量的新鲜空气，必须依靠菇房的通风设备进行调节和控制。通风设备主要有门、窗和抽风筒。一般平房设上下两排窗（若菇房较高，亦可开上中下三道窗）。上窗的上沿一般略低于屋檐，下窗要开得低，一般高出地面10厘米，因二氧化碳相对密度大，地窗开高不易排出。窗户大小以25厘米宽、35厘米高左右为好；门不宜过宽，一般以人进出操作方便为度。抽风筒设在每条走道中间的屋顶上，与窗成一直线。抽风筒一般高 1~1.2 米，筒下口直径 40 厘米，上口直径 26 厘米，顶端装风帽，风帽直径为筒口直径的一倍，帽边应与筒口平，这样抽风好，又可防止风雨倒灌。

（二）菇床

菇房内的床架设置和走道设计要合理，床架一般采用层叠式，多用竹木制作，有条件的也可用钢筋水泥、轻钢板材等制作。菇房的利用面积与栽培床架、步道的设计安排很有关系，菇床的宽度和层次要合适，既要经济地利用菇房的有效空间，又要便于管理、采菇及培养料的进出。

菇房内床架为南北走向，排列方向和菇房的方向垂直，四边不靠墙，床架与床架之间 60~70 厘米，床面宽不超过 1.2 米，排列适宜，方便管理，菇房内空气流通的空间与菇床面积之比，即空间比应为 5∶1，空间比过小，无法及时排出蘑菇生长时所产生的二氧化碳和其他废气，易造成幼菇死亡或形成畸形菇而减产；空间比过大，菇房不易保温和保湿。

图 1-7　用竹竿搭制的菇床架

菇床底层离地面 0.2 米，每层距 0.6 米，高度以 5～6 层为宜，顶层离房顶 1.5 米为宜。大房内可设大、小走道，大走道宽 1 米，小走道宽 0.6 米。床架可用竹、木、钢筋水泥等易清洗、不积水、能承受重物的材料建造（图 1-7）。

（三）蒸汽锅炉

蒸汽锅炉用于在蘑菇培养料二次发酵时供给加温需要的湿热蒸汽。一般使用的是常压蒸汽锅炉，通过在棚外加温将湿热蒸汽均匀输送到菇棚内，保证蘑菇培养料受热均匀，提高二次发酵质量。

目前，在许多地方菇农采取汽油桶改装加热蒸汽的方法替代锅炉，即把多个油桶相接放在一个砖砌的煤炉式柴灶上，装水 70%～80% 满，大火猛烧加热产生蒸汽，通过送气管送往菇房，送气管要延伸到整个栽培房的通道，菇房内的塑料管道每 20～30 厘米开一出气小孔，需要注意的是在二次发酵期间勿开门入室，以免造成意外事故。

（四）堆料发酵场地

蘑菇、草菇的栽培料必须经过堆制发酵后才能进行出菇生产，由于蘑菇、草菇的栽培料主要是稻草、麦秸、牛粪、马粪等体积较大的材料，因此，应选取地势较高、平坦开阔、排灌方便、远离鸡栏牛棚、朝阳的场地。场地应靠近菇房，进行硬化处理，最好是水泥地面，如是泥土地面，应垒实，便于堆料和翻堆，特别是机械化翻堆要求地面一定要硬实，便于机械作业。四周设排水沟，四角挖积水坑，使料内流出的肥水积聚在坑内，再浇回料内，以免流失。

堆料发酵场地的大小根据栽培规模、场地地形等条件来定，一个菇房的栽培料最好一次堆成，一般按一个菇房进料 10 吨计算，堆料场地应不小于 100 米^2。

第三节 产品加工需要的基本条件

一、环境条件

按照《环境空气质量标准》（GB 3095—1996）的要求，加工厂（场）址应选择在大气含尘浓度较低，自然环境较好的区域，应远离排放"三废"的工矿区，远离铁路、码头、飞机场、交通要道以及散发大量粉尘和有害气体的工厂、货场、垃圾场、煤灰厂等有严重空气污染、振动或噪声干扰的区域。如不能远离严重空气污染源时，则应位于其最大频率风向上风侧，或全年最小频率风向下风侧；周围环境应无污染或无潜在的污染，水源应符合《生活饮用水标准》（GB 5749—2006）。

厂（场）内建筑主体工程和辅助工程均应符合下列有关国家标准规范要求：《建筑结构荷载规范》（GB 50009—2001）、《建筑地基基础设计规范》（GB 50007—2002）、《建筑抗震设计规范》（GB 50011—2001）、《建筑设计防火规范》（GBJ 16—87）、《建筑防雷设计规范》（GBJ 57—83）、《生产设备安全设计总则》（GB 5083—85）、《洁净厂房设计规范》（GB 50073—2001）、《食品企业通用卫生规范》（GB 14881—94）。

如果利用原有建筑进行技术改造时，应在符合加工工艺要求的基础上，因地制宜，充分利用已有的设施。

二、设施条件

厂（场）区布局由原料车间、加工车间、成品仓库及供（配）电室、供水及水处理设施、生活设施等部分组成（图1-8）。应根据生产工艺、卫生要求和建筑防火等专业的要求安排生产车间和仓库的位置。

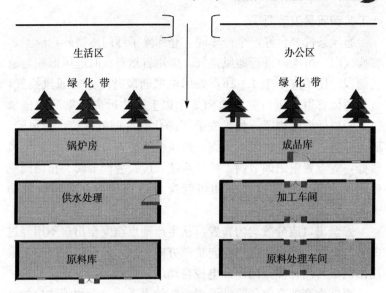

图 1-8　产品加工厂区平面示意图

加工车间应按菇类产品保鲜与加工的工艺要求进行设计建造，保鲜、干制、罐装或盐渍加工等车间应合理分开，即能相互照应，又互不影响。室内外环境及设施要整洁且便于清理，办公或生活区应与加工车间和贮藏库房隔有一定距离，在工作前有规范的洗手更衣处，保证工作人员进入车间的卫生，不宜硬化的地面要种树植草，既美化环境，又能防止刮风时的尘土飞扬。工作间墙壁和顶棚表面，应平整、光滑、不起灰，无吸附性，避免眩光，可冲洗便于除尘；应减少凹凸面，阴阳角做成圆角。地面应平整、耐磨、易除尘清洗、不易积聚静电、避免眩光并有舒适感等。

生产车间人均占地面积（不包括设备占位）不少于 1.5 米^2，车间高度不低于 3 米；给排水系统适应生产需要，污水排放符合国家规定标准；加工后的废弃物远离生产车间，且不得位于生产车间上风向，污物收集设施，必须带盖密闭；烟道出口与引风机之间须设置除尘装置；各种管道、管线尽可能集中走向，满足生产工艺和质量卫生要求。

通风条件要良好，生产车间、仓库除了纱门纱窗外，应安装有换气扇，可随时进行通风换气。采用自然通风时通风面积与地面面积之比不应小于 1∶16，采用机械通风时应定时通风换气，机械通风管道进风口要距地面 2 米以上，并远离污染源和排风口，开口处设防护罩。如果安装了净化空气调节系统，新风管、回风总管，应设置密闭调节阀。送风机的吸入口处和需要调节风量处，应设置密闭调节阀。排风系统，应设置调节阀、止回阀或密闭阀。总风管穿过楼板和风管穿过防火墙处，必须设置防火阀。

安全出口应分散均匀布置，从生产地点至安全出口不用经过曲折的路线。安全疏散门应向疏散方向开启，安全疏散门不得采用吊门、转门、侧拉门以及电控自动门。

根据生产的火灾危险性设置消防给水系统，专用消防口的宽度不应小于 750 毫米，高度不应小于 1 800 毫米，并应有明显标志，楼层的专用消防口应附设阳台，在明显位置放置卤代烷或二氧化碳等灭火设施。

车间或工作地应有充足的自然采光或人工照明，检验场所工作面混合照度不应低于 540 勒克斯，加工场所工作面不应低于 220 勒克斯，其他场所一般不应低于 110 勒克斯。

洗手设施应分别设置在车间进口处和车间内适当的地点，配备冷热水混合器，其开关应采用非手动式；厕所应设置在车间外，有洗手设施和排臭装置，其出入口不得正对车间门，要避开通道，排污管道应与车间排水管道分设。

三、设备条件

（一）清洗设备

1. 洗涤槽 洗涤槽为长方形，大小按加工量多少而定，材

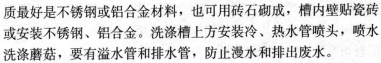

质最好是不锈钢或铝合金材料，也可用砖石砌成，槽内壁贴瓷砖或安装不锈钢、铝合金。洗涤槽上方安装冷、热水管喷头，喷水洗涤蘑菇，要有溢水管和排水管，防止漫水和排出废水。

2. 压气式洗涤机 压气式洗涤机是在洗涤槽内不同位置分布许多压缩空气喷嘴，通过气泵打入空气后，使水不断地翻动清洗蘑菇。

(二) 分级设备

1. 分级板 在长方形板上开不同孔径的圆孔制成，在生产规模不大时可用简单的圆孔分级板、蘑菇大小分级尺等进行手工分级。

2. 分级机 常用的为滚筒式分级机，蘑菇在滚筒内随着滚转和移动过程进行分级。分级机由分级滚筒、支撑装置、传动装置、收集料斗四部分组成。

(三) 保鲜设备

1. 冷藏车 主要用于蘑菇远距离运输保鲜。

2. 冷库 主要用于蘑菇的大容量贮存，有效容积可从几吨到数百吨不等，是蘑菇加工厂家贮存原料和产品的主要设施。

3. 气调库 气调贮藏是结合冷库在低温（0~5℃）条件下，通过控制和调节贮藏空间气体成分达到保鲜贮藏的目的。一般采用塑料薄膜帐和气调保鲜塑料袋，通过人工降氧法或自然降氧法使氧气含量保持在 2% ~ 4%，二氧化碳含量在 3% ~ 5%。

(四) 切片机

1. 手工切片机 手工操作，设备简单，价格低，切片质量好。

2. 机械切片机 切片机上有几十把圆形刀，圆形刀由主轴驱动转动，将蘑菇进行切片。通过调整圆形刀的间距，可以切割出不同厚度的蘑菇片。机械切片机由支架、出料斗、卸料轴座、圆盘切刀组、定位板和进料斗六部分组成。

（五）预煮设备

1. 夹层锅 用于蘑菇的烫漂，有固定式夹层锅和可倾式夹层锅两种。固定式夹层锅由锅体、冷凝水排出阀、排料阀、进气管和锅盖组成；可倾式夹层锅由锅体、填料盒、冷凝水排出管、进气管、压力表、倾覆装置和排料阀等组成。

2. 预煮机 用于蘑菇的预煮，有螺旋式连续预煮机和链带式连续预煮机两种。螺旋式连续预煮机由壳体、筛筒、螺旋、盖和卸料装置等组成。这种预煮机在国内大中型蘑菇罐头厂被广泛采用，优点是结构紧凑，占地面积小，运行平稳，进料、预煮温度和时间及用水等操作自动控制。链带式连续预煮机由钢槽、刮板、蒸汽吹泡管、链带和传动装置等组成，优点是原料经预煮后机械损伤少，缺点是不易清洗，维修不便。

（六）杀菌设备

根据杀菌温度的不同，可分为常压杀菌设备和高压杀菌设备。常压杀菌设备的杀菌温度为100℃以下，用于pH（酸碱度）小于4.5的酸性产品杀菌。高压杀菌设备一般在密闭的设备内进行，压力大于0.1兆帕，杀菌温度在120℃左右。

1. 立式杀菌锅 适用于中小型罐头厂，在品种多、批量小时非常实用，不适用连续化生产线。

2. 卧式杀菌锅 适用于大中型罐头厂，容量比立式杀菌锅大。

3. 超高温瞬时灭菌机 是采用一组蛇管式和套管式串联作业的换热器，杀菌温度可达115～135℃，杀菌时间3秒左右，优点是杀菌温度高，时间短，对营养物质的破坏损失小。

（七）装罐与包装设备

1. 定量装罐机 用于罐装金属罐蘑菇罐头。

2. 高压蒸煮袋包装机 用于罐装高压聚丙烯蒸煮袋及封口包装。

3. 台式真空包装机 用于高压聚丙烯蒸煮袋的抽真空及封口包装。

（八）封罐机

1. 半自动封罐机 通过人工加盖，将罐头紧压在封罐机压头和托底板或升降板之间，然后封罐。

2. 自动封罐机 不需要人工加盖，加盖封罐完全自动化。有单封头、双封头、四封头或更多封头类型，封头越多封罐能力越高。

3. 真空自动封罐机 不需要人工加盖，加盖封罐完全自动化，罐头进入封罐机的密封室后，由连接在真空泵上的管道把罐内空气抽出，再进行密封。

（九）干制设备

1. 小型烘干设备 小型烘干箱或简易烘干房，由热交换器、炉窑等组成，采用自然通风或风伞强制通风。

2. 中型烘干设备 采用热风炉供热，塞进式强制通风烘干，可配置简易轨道与干燥框车。

3. 大型烘干设备 有吸引式强制送风隧道式烘干和塞进式强制送风烟道式烘干两种烘干方式。

隧道式干燥由蒸汽供热系统、风运系统、运载设备和干燥房组成，采用锅炉蒸汽通过散热器将新鲜空气加热成热风，在风机的输送下，对静止在烘筛上的鲜蘑菇进行干制。烟道式干燥由热风炉、干燥室、吹风机和散热管等组成。采用炉膛内燃烧产生的热气，通过加热多根散热管产生热量，被吹风机送入热风室，在水平导风板的作用下，变成平行流动热风，吹入干燥室的烘筛，使烘筛上的蘑菇脱水干燥。

四、包装条件

产品的包装在保质贮存、运输和销售中是十分重要的，好产品要有好包装，才能使产品物有所值，尤其是在现代社会，好的包装更是体现产品价值的一种重要手段。质地良好、美观漂亮的包装不仅能够有效保证产品品质，防止产品的外露、破碎、霉变、生虫等，而且能起到很好的广告宣传作用，促进产品的销售。

无论是鲜菇还是干品或其他的加工产品，无论是内包装还是外包装，都必须选择无毒无害，既不污染产品，也不污染环境，安全卫生无污染的食品级包装材料。目前主要采用的是纸质和塑膜（聚丙烯或聚乙烯）材料，包装必须符合以下标准：《食品包装用聚乙烯树脂卫生标准》（GB 9691—1988）、《食品包装用聚乙烯成型品卫生标准》（GB 9687—1988）、《复合食品包装袋卫生标准》（GB 9683—1988）、《食品包装用聚丙烯树脂卫生标准》（GB 9693—1988）、《食品包装用原纸卫生标准》（GB 11680—89）、《食品标签通用标准》（GB 7718—1994）。

聚丙烯或聚乙烯塑膜有较好的防潮和隔绝空气的性能，可直接用于包装产品。塑膜材料一般制成彩印包装袋，除了在袋上印制必要的产品说明与食用方法外，并要按照《食品标签通用标准》的要求，标志出产品标号、质量等级、净重、保质期、生产厂名、厂址、联系电话、出厂日期、批号及条码等。如果是获得了绿色产品或有机食品的认证，则应按照认证的图案样式和颜色，放大或缩小后印制在包装袋上，不能以错误的形式随便印制，更不能为了扩大销售量，采用欺骗的手段误导消费者。纸质

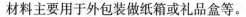

材料主要用于外包装做纸箱或礼品盒等。

包装袋规格的大小多种多样，目前，由于我国超市已成为一种主要的消费模式，而超市更适于 500 克以下的小包装产品的销售，因此包装袋的大小可在 300～500 克之间设计几个规格。但包装袋的规格不易太多，大袋与小袋应让消费者一眼能够看出，不然大袋与小袋差不多，标志的重量却不一样，使消费者难以适从而影响到购买。为了减少菇体的破碎和便于运输，塑膜包装的干品应再放入纸箱中，纸箱不宜太大，一般毛重在 10～12 千克为宜。此外，在包装袋内最好放置一个硬质的塑料托盘，把干菇放在托盘上，塑膜封口后可以较好地固定菇体，使菇体不会在袋内来回晃动，有助于减少菇体的破碎。纸箱外应主要标志产品名称、装袋数量、毛重、生产厂名、厂址、联系电话及警示标记，如切勿受潮、切勿重压等。

出口产品的包装，由于出口目的地和运输方式的不同，如航运还是海运等有不同的包装要求，具体应严格按出口商的要求进行包装，不得随意改变包装材料以及包装的体积大小或重量等。包装箱的外观也应按出口要求进行印制，其他特殊标志可填写或打印后贴在包装箱顶部或侧面。

五、贮存条件

经检验合格包装的成品应贮存于成品库，要设置与生产能力相适应的成品库。成品要求在低温、避光、干燥、洁净处贮存，注意防霉、防虫。因此，成品库要设有温度、湿度检测装置和防鼠、防虫等设施，定期检查和记录；在贮藏过程中，蘑菇干品的含水量变化至关重要，含水量变化幅度越小，仅在干品含水量的 12%～13% 之间变动，贮藏质量越好，保质期越长。如果含水量变化幅度大，远远超出干品正常含水量的范围变动，贮藏质量差、保质期短，易发生霉变或虫害。因此，蘑菇干制凉冷后，应立即包装入袋，防止干品含水量发生变化，袋口要封严实，不能有破袋，不能露气。干品不宜直接放在地面上，防止地面返潮或水管漏水以及下雨时室外的水流入室内，应放在货架上，没有货架时，可用木板等材料搭一个临时货架。

成品在贮藏时，不同批次的成品应分开存放，不要混在一起，应对入库时间、数量、存放位置等进行登记，并在包装箱上贴上醒目的标记。出库时间、数量及成品去向也应逐一登记，以便检查核对。

不允许与其他有毒、有害、有异味、易污染的化学物质同贮一库，防止发生意外。同时严禁使用化学合成杀虫剂、防鼠剂、防霉剂等防治病虫或鼠害。

六、运输条件

蘑菇、草菇产品安全问题，不仅局限于生产领域，运输过程同样重要。运输车辆应当安全无害，保持清洁，标有清洗合格标志，防止污染，禁止与有毒、有害物品混放、混装、混运。

（一）保鲜菇的运输

鲜菇运输受温度波动影响最大，特别是在长距离运输过程中由于暴晒和空间有限，会使温度急剧上升造成鲜菇变质。为此，鲜菇产品在运输过程中必须采用冷藏式运输，使用高性能冷藏车，如果没有冷藏车，可采用"土保温"的办法。所谓"土保温"就是在运输车内四周设置隔热层，在鲜菇泡沫塑料箱内加碎冰，车厢底板铺草帘加塑料薄膜，车厢顶盖棉被提高隔热性能，运输时间选在晚间进行。

（二）干制品的运输

干品运输除受温度影响外，湿度对运输质量也有影响，温度过高会"逼出"菇体水分，积存在包装袋内，造成局部湿度过大使蘑菇干品表面结水，影响品质。因此，干品的运输也最好采用冷藏运输，但温度不需要太低，保持在 15～18℃为宜。如果采用敞篷车运输，必须进行覆盖降温防雨。

盐渍菇、酸渍菇、罐装菇比鲜菇与干品的运输要容易，在搬运过程中要防止包装容器破损，盐渍菇、酸渍菇用 50 千克的塑料桶装运时，要盖紧桶盖，防止桶内液体外溢。罐装菇为玻璃容器时，要轻拿轻放，避免容器破裂。

七、管理制度

规章制度完善、设置合理、管理有效，按照产品生产工艺流程建立健全管理规章制度是保证产品质量的根本条件。应设立与生产能力相适应的卫生和质量检验室，并配备经专业培训、考核合格的检验人员。卫生和质量检验室应具备所需的仪器、设备，并有健全的检验制度和检验方法。生产过程的各项原始记录应齐全，生产工艺规程中各个关键环节的检查结果妥善保存，以备核查，保存期应比产品的保存期长 6 个月。

应按国家规定卫生标准和检验方法进行检验，检验用的仪器、设备，应定期检查，及时维修。维修检查设备时，不得污染产品。原材料采购要具有一定的新鲜度，不含有毒、有害物质，也不应受到污染；运输工具应符合卫生要求；原材料必须经检验、化验，合格后方可使用；应制定有效的清洗及消毒方法，加工生产机械设备、晾晒用具、工作器具等要经常清洗干净，不能沾染灰尘或油腻。生产场地等在使用前后均应彻底清洗消毒，清洗剂、消毒剂、杀虫剂以及其他有毒、有害物品均应有固定包装，贮存于库房和橱柜内，专人负责保管。排水系统要畅通，加工后剩余的残渣废物应及时清理，防止堵塞下水管道造成污水溢留，并在 24 小时之内运出厂区进行处理。生产车间禁止闲杂人员随便进入，生产人员不准穿工作服、鞋进厕所或离开生产加工场所。

厂内全体工作人员（包括临时工），每年至少进行一次健康检查，取得卫生监督机构颁发的体检合格证明者，经过卫生培训教育后方能从事生产工作。直接与菇体接触的加工操作人员，必须按照从事食品生产加工人员的身体健康标准，进行法定的健康体检和定期复查，只有符合食品生产经营的健康人员，才能被允许持证上岗。凡是有传染疾病如结核病，以及患有其他一些特殊疾病，不适于从事该项工作的人员，均不允许上岗。已经上岗的，在复查中又被发现患有上述疾病的工作人员，要立即辞退或改换其他工作，决不能再直接接触菇体。

身体健康被允许参加产品加工的人员，应经过正式的专业培训，掌握一定的专业技能后才能上岗。凡是上岗人员，除了严格按照生产规程进行操作外，要养成个人卫生的良好习惯，要做到衣帽整洁，勤洗手，不随地吐痰，在工作车间不抽烟。

第二章

蕈菇安全生产技术

蘑菇［*Agaricus bisporus*（Lange）Sing］又称双孢蘑菇、白蘑菇，在分类学上属于真菌门、担子菌纲、伞菌目、蘑菇科、蘑菇属。蘑菇栽培技术在我国已较成熟，全国各地均有栽培，但规模化生产区域主要分布在长江以南中下游各省区。

第一节　生长发育条件

蘑菇生长发育分为菌丝体和子实体两个阶段。在野生条件下蘑菇菌丝体生长在腐殖质土壤中，在人工栽培条件下蘑菇菌丝体生长在人工配制好的培养基内。菌丝体成熟后在适宜的温度、湿度环境条件下，野生蘑菇从土壤中长出子实体，人工栽培的则从培养基上产生子实体。因此，蘑菇人工栽培的关键是根据其生长发育对营养条件的要求，配制供其生长发育的最佳培养基，同时为其创造最佳的生长发育环境，才能获得食用安全、品质优良的蘑菇产品。

一、营养条件

蘑菇生长发育所需的营养条件包括碳源、氮源、无机盐和维生素等。

（一）碳源

蘑菇生长发育所需的碳源，是指可以被菌丝体直接利用的葡萄糖、蔗糖、麦芽糖、有机酸等，以及可以被菌丝体分泌的水解酶分解成小分子化合物的麦麸、玉米粉、纤维素、半纤维素等高分子化合物。

蘑菇生长发育不同阶段需要的碳源也不同，在母种培养阶段，由于菌丝生长尚不发达，可以被菌丝体直接利用的有葡萄糖、氨基酸、有机酸等小分子化合物。在原种培养阶段，菌丝生长分泌各种水解酶的能力还不够全面，在棉籽壳等培养料中，可加入1%的普通食用白糖、10%左右的玉米粉或麸皮。在栽培种培养阶段，在培养料中可以不加糖类，但仍应加入10%左右的玉米粉或麸皮。

（二）氮源

蘑菇生长发育所需的氮源为有机氮，主要是蛋白质、氨基酸、蛋白胨、豆饼等，此外，无机氮中的尿素等在出菇培养料中与其他有机物培养料混合，充分发酵被转化成有机氮后，也可以被菌丝体利用。

培养基中不仅要有适宜的氮源和氮源浓度，而且必须与碳源要保持适当的比例，即碳氮比（C/N）不能失调，蘑菇菌丝体生长阶段适宜的碳氮比（C/N）是 $30\sim35:1$，生殖生长阶段适宜的碳氮比（C/N）是 $18\sim20:1$。

（三）矿物质元素

蘑菇生长发育所需的矿物质元素分为普通元素和微量元素两类。

1. 普通元素 磷、钙、钾、镁、硫等属于普通元素，在蘑菇生长发育过程中所需的量比较大。

在母种培养基中需要添加磷酸二氢钾来满足菌丝细胞生长的需要，在原种和栽培种培养材料中，如麦粒、棉籽壳等本身都含有一定量的有机磷化物，基本上能满足菌丝细胞生长的需要，但

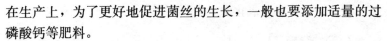

在生产上，为了更好地促进菌丝的生长，一般也要添加适量的过磷酸钙等肥料。

在母种和原种培养基中不需要添加钙，但在栽培种和出菇培养料中，为了稳定酸碱度（pH）则必须添加适量的硫酸钙、碳酸钙等，以利于菌丝的生长。同时添加钙对子实体的形成有促进作用。

在母种和原种的培养基中钾同磷酸二氢钾一起加入，在栽培种和出菇袋的培养材料中都含有一定量的钾，能满足菌丝细胞生长的需要，不需要再另外添加。

在母种培养基中加入适量的硫酸镁是必需的，在原种、栽培种和出菇袋的培养材料中都含有一定量的镁，能满足菌丝细胞生长的需要，不需要再另外添加。

2. 微量元素 铁、铜、锰、锌、钼、钴、硼等是蘑菇生长发育中需要的微量元素，在蘑菇母种、原种、栽培种和出菇料培养基中都天然含有一定量的微量元素，能满足菌丝生长和子实体发育的需要，一般不需要再另外添加。

（四）维生素

对母种菌丝生长发育影响较大的维生素有硫胺素（维生素 B_1）和核黄素（维生素 B_2）等。如果培养基中缺少硫胺素，会导致菌丝生长缓慢，硫胺素在母种培养基中的浓度以 $1\sim5$ 毫克/千克为宜，在保藏母种的转管培养基中加入硫胺素，对菌丝的复壮有明显的促进作用。

在蘑菇原种、栽培种和出菇培养材料中添加的米糠、麸皮等辅料中，各种维生素的含量都比较丰富，能满足菌丝细胞生长和子实体发育的需要，不需要再另外添加维生素。

二、环境条件

蘑菇生长发育依赖的环境条件包括温度、水分和湿度、酸碱度（pH）、氧气和二氧化碳、光照等。

（一）温度

蘑菇在不同生长发育阶段，对温度要求不同，菌丝体生长阶段要求温度高，子实体阶段要求温度低。

1. 菌丝体生长需要的温度　菌丝可以生长的温度范围是6～33℃，最适宜其生长的温度是23～25℃，在此温度范围内菌丝生长较快，菌丝健壮，生长势强。温度低于23℃，菌丝生长减慢，温度低于10℃，菌丝生长极其缓慢，恢复至适宜其生长的温度，菌丝又能恢复正常生长。温度高于25℃，菌丝生长速度加快，高于28℃菌丝较细，菌落变薄，温度高于33℃，基本停止生长。

2. 子实体生长需要的温度　最有利于蘑菇原基分化产生的温度是16℃左右，子实体可以生长的温度范围是5～23℃，但最适温度是15～17℃，在此温度范围内菇体生长均匀，菌盖较厚，开伞慢，丛生菇多，幼菇死亡少。温度低于15℃，子实体生长开始减慢，温度低于10℃，子实体生长缓慢，幼菇死亡率增加。温度高于20℃，子实体生长速度加快，菌盖变薄，柄伸长易开伞。温度高于28℃，易导致大量幼菇死亡。同时，在高温下各种病原菌和害虫也极易滋生，造成病原菌侵染或害虫咬食子实体，因此，子实体生长温度控制在适温范围的下限较为适宜。

3. 温度与生产季节的选择　根据蘑菇的生长发育特性，一般采取在较高的温度下培养，在较低的温度下出菇的栽培方法。各地可根据气候变化，选择合理生产季节，使蘑菇生长发育与当地的气候条件相适应。

蘑菇在出菇期需要较低的温度，在自然气候温度条件下，蘑菇的顺季栽培季节均安排在立秋后下料发酵，在中秋后或晚秋出菇，经过越冬期再延续到早春。我国从南到北气候差异极大，由于各地气候差异和地形小气候不同，应根据当地的气象资料来确定蘑菇的栽培适期，具体确定方法一般以当地昼夜平均气温稳定在22~24℃时为播种适期，由此计算往前推20天左右为栽培料发酵堆置日期。近年来，由于气候变暖与气候异常等极端因素的影响，为防止播种后气温持续处在高位或下降后又突然增高等异常气候对蘑菇菌丝造成伤害，避免病虫害的大面积发生，我国大部分蘑菇种植区都把发酵料建堆期推后了约15天。

（二）水分和湿度

水分是指蘑菇菌丝体可以直接从培养料吸收利用的水，湿度是指蘑菇生长发育过程环境中的空气相对湿度。

1. 水分 培养基内的水是蘑菇所需水分的主要来源，只有培养基中含有足够的水分，菌丝体和子实体才能正常生长、分化和发育。一般要求培养基含水量应在65%左右，不同的培养材料所需的含水量可能略有差异，每生产1千克的蘑菇鲜菇约需要5千克水。菌丝生长阶段需水量约占30%，培养基中水分多少对菌丝生长影响较大，培养基含水量适宜，接种后菌丝"吃料"快，菌丝生长均匀一致。如果培养基的含水量太大，接种菌丝后"吃料"慢，菌丝的生长会因通气不良受到抑制。培养基含水量太小，接种后菌丝虽然"吃料"快，但菌丝生长不粗壮、细弱，将影响子实体的生长。子实体生长发育阶段需水量约占70%，但是，子实体阶段需水量是以菌丝体的含水量为基础的，只有培养基含水量适宜，菌丝生长量多，菌丝内贮存的水分多，才有利于子实体的生长。如果培养基含水量低或基本能满足菌丝生长的需要，到了后期供应子实体生长的水分就会不足，特别是会影响到二、三菇的发生和生长。因此，当培养料中的水分由于菌丝体吸收和蒸发而减少时，应注意采取适当的方法给予及时补充。

2. 湿度 在菌丝体生长阶段，菌丝体主要吸收利用的是培养料所含的水分，对空气相对湿度的要求较低，一般在 $60\%\sim$ 70% 就可以，如果空气相对湿度太高，又遇上高温天气，高温高湿反而不利于发菌，易发生病虫害。

在原基分化和子实体生长阶段，对空气相对湿度的要求较高，相对湿度应达到 $80\%\sim90\%$，才有利于原基分化和子实体正常生长。如果相对湿度在 70% 以下，菌床表面会经常发干，将影响原基分化，使原基分化数量减少。

在子实体生长过程中喷水是提高菇房空气相对湿度的有效措施，但是喷水需要注意以下几个方面：

（1）喷水期　应根据蘑菇不同发育期，随着气候变化确定适宜的喷水期，接种之后，要每天观测记载菇房的相对湿度，作为补充水的依据。在菌丝萌发生长过程中，一般不需要喷水，但当气候干燥，相对湿度降到 50% 以下时，为了避免培养基水分大量蒸发，应向墙壁及空气中喷少量的水，使空气相对湿度能维持在 70% 左右。

（2）喷水量　原基分化出现后，由于菇蕾小、幼嫩，要特别注意不能喷重水，要用细眼喷雾器少量勤喷，水力不能太强。随着子实体的长大，可以逐渐加大喷水量，但要掌握湿度和温度的变化以及子实体的生长情况，调节喷水次数和喷水量，如当气温低时，应选择在中午喷水，气温高时，早、中、晚都应喷水。对于保湿性能较差的菇房，要往墙壁和地面上多喷洒一些水，或者用湿麻袋挂在菇房内的通风口处，对增加湿度和降温都有很好的作用。

（三）酸碱度（pH）

酸碱度是指溶液酸碱性的强度，用 pH 来表示。pH 表示范围在 $0\sim14$ 之间，pH 为 7 时，表示溶液呈中性；pH 小于 7 时，表示溶液呈酸性，pH 越小，酸性越强；pH 大于 7 时，表示溶液呈碱性，pH 越大，碱性越强。

　　培养基酸碱度的测定，可用 pH 比色试纸，使用方法是取一小条试纸浸入母种培养基的液体中，半秒钟后取出与标准色卡比较，查出相应的 pH 即为所要测的母种培养基的酸碱度。如果要测的是原种培养基、栽培种培养基、出菇培养基等固体材料，则需用力挤出培养基中的液体滴在试纸上，待试纸充分吸收液体后，再与标准色卡比较，查出相应的 pH，即为所要测培养基的酸碱度。

　　比色试纸的表示方法如图 2-1。

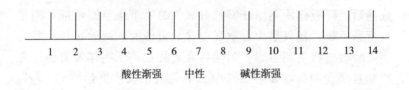

图 2-1　pH 表示的酸碱度范围

　　培养基酸碱度对菌丝生长发育的影响，一般菌丝生长以中性至弱碱，即 pH7～8 生长最好，菌丝沿基质伸展快、浓密、粗壮有力，pH 超过 8 时，菌丝初始生长较差，但逐步有转强的迹象，说明菌丝有一定的耐碱性；pH9 以上，则菌块萌发后菌丝伸展被严重制约，仅在菌块外形成团状的形态，逐步有散射状的菌丝出现，但非常稀疏。pH5～6 时，菌丝生长一般；pH5 以下，菌块萌发后菌丝细弱并逐步有"退菌"现象。

　　蘑菇不同菌株对 pH 的适应范围可能稍有差异，在配制培养基时，应根据不同菌株菌丝生长对培养基酸碱度的要求，对 pH 进行适当调整，具体调整方法为：母种培养基用碳酸氢钠（碱性）或柠檬酸（酸性）来调整，当培养基 pH 低于 7 时，加碳酸氢钠碱液；当培养基 pH 大于 8 时，加柠檬酸液；调整时注意一次不要加入太多，搅拌均匀后再测 pH，如此反复边加边测，最终 pH 达到 7～8 为止。原种培养基、栽培种培养基、出菇培养基等可使用石灰（碱性）或过磷酸钙（酸性）进行调整。在生产中，由于培养料需堆积发酵的原因，培养料大都呈酸性，因此，主要是用石灰来调高 pH。此外，需要注意的是母种、原种、栽培种培养基经过灭菌后 pH 会下降 1 左右，因此，一般灭菌前 pH 应比正常值高 1 个左右。

（四）空气

蘑菇是好气性菌类，接种后菌丝生长阶段，应经常通风换气，排出因菌丝呼吸作用积累在空气中的二氧化碳。子实体形成前后，呼吸作用更加旺盛，对氧气的要求也急剧增加，当空气流通不畅，耗氧量大，空气中含氧量低时，菌丝在缺氧状态下，呼吸过程受到阻碍，菌丝易衰老死亡，子实体发育也因呼吸窒息而受抑制，如果空气中二氧化碳累积浓度达到 0.1% 以上就会对子实体生长产生影响，表现为菌盖小、柄长，畸形菇、死菇增多。

（五）光照

1. 光照对菌丝生长的影响　菌丝生长对光照有敏感性，在黑暗条件下生长较快，培养菌种时应避免太阳光的直射，在暗室中进行菌丝培养，培养室的光线较强时应进行遮光处理，以利于加快菌丝生长速度，培养出优质菌种。

2. 光照对子实体生长的影响　散射光照刺激有利于子实体产生，有光比黑暗条件下可提前 5 天左右产生子实体，但不宜直射光或光照度太强。在微弱的散射光照下，蘑菇子实体菌盖圆整、菌柄粗短、肉质细嫩、色泽纯白鲜亮。

第二节　菌种生产技术

按照《双孢蘑菇菌种》（GB 19171—2003）对蘑菇菌种的定

义，根据其不同繁殖扩大阶段，分为母种、原种和栽培种。母种是指经各种方法得到的具有结实性的菌丝体纯培养物及其继代培养物，以玻璃试管为培养容器和使用单位，在生产上又称之为一级种或试管种；原种是指由母种移植、扩大培养而成的菌丝体纯培养物，常以玻璃菌种瓶、塑料瓶或聚丙烯塑料袋为容器，在生产上又称其为二级种；栽培种是指由原种移植、扩大培养而成的菌丝体纯培养物，一般以聚丙烯塑料袋、玻璃瓶或塑料瓶为容器，在生产上又称其为三级种。栽培种只能用于栽培，不可再继续扩大繁殖菌种（图 2 - 2）。

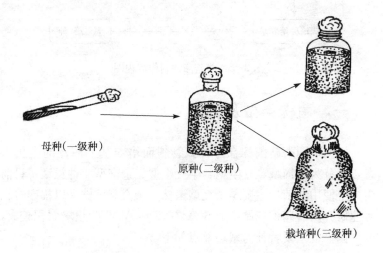

母种(一级种)

原种(二级种)

栽培种(三级种)

图 2 - 2　蘑菇三级菌种示意图

菌种优劣会直接影响产量的高低，是保证丰产稳产的前提。菌种生产有两方面的要求：一是要选用适合当地气候及栽培条件，具有高产优质、抗杂菌等栽培性状优良的品种；二是制作的菌种要保证质量，要求菌丝生长健壮、无污染、无虫害、不老化。因此，菌种生产技术必须正确掌握，才能满足生产需要。

菌种制作流程如图 2-3。

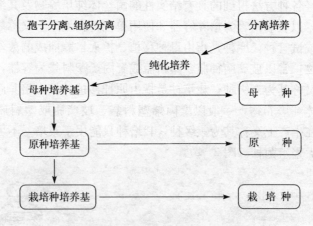

图 2-3　蘑菇菌种制作流程图

一、菌株类型及特征

根据不同蘑菇菌株在母种试管斜面培养基上菌丝的生长形态，可分为匍匐型、气生型、半气生型、杂交型 4 种类型，目前生产上使用的菌种主要是杂交型菌株。杂交型菌株又以福建省轻工业研究所蘑菇推广站育成的 As2796 和 As3003 栽培面积较大，两个菌株的主要特征与栽培要点如下。

（一）As2796 菌株

栽培适应性广，抗逆性较强，子实体质量优良。

1. 生物学特性　As2796 菌株在 PDA 培养基上菌丝呈银白色，基内和气生菌丝都很发达，生长速度较快；在麦粒或粪草培养基上菌丝粗壮有力；在含水量 55%～70% 的粪草培养基中菌丝生长速度基本一致，培养基最适含水量 65%～68%；在 10～32℃ 下菌丝均能正常生长，最适温度为 24～28℃。

鲜菇子实体圆整，无鳞片，有半膜状菌环，菌盖厚，柄中粗较短，菌肉组织结实，菌褶紧密，色淡，无脱柄现象。每千克90～100个菇，鲜菇含水量较高，预煮得率65％，制罐质量符合部颁标准（NY 5097—2002），平均每平方米产菇15千克左右。

2. 栽培要点　As2796菌株适用于二次发酵培养料栽培，菌丝生长较耐肥、耐水和耐高温。菌丝爬土能力较强，扭结快，成菇率高，基本单生，20℃左右一般不死菇。秋菇1～3潮菇产量结构较均匀，转潮不明显，后劲强。栽培要点如下：

（1）温度　As2796菌株耐高温，比一般栽培可提前10～15天。如果温度低于10℃时，应减少通风，不喷水，不出菇，当温度回升后再调水出菇，确保高产优质。

（2）营养　As2796菌株菌丝扭结快、成菇率高，后劲强，因此投料量要足，每平方米至少投30千克，碳氮比30：1，如果投料不够或碳氮比太低，易出现薄菇或空腹菇。

（3）水分　As2796菌株耐水性好，栽培料含水量65％～68％为宜。菌丝爬土至离土层表面0.5～1.0厘米时喷结菇水，同时加大通风量，让菌丝体在此区域扭结成原基出菇。当菇蕾长至玉米粒大时，每平方米喷水0.4千克，早、晚各喷一次，连续2～3天，以培养料不漏水为宜。第一潮菇采收后去除残菇老根，补土，停止喷水2～3天，让菌丝恢复生长后再喷水。当菇房湿度低，覆土层含水偏低，而床面上有大量正在迅速生长的纽扣菇时，应先提高菇房湿度，调整覆土层含水量适宜后再喷出菇水。

（4）通风　要根据各个栽培阶段特点，保持菇房湿度为85％～90％，喷出菇水后及时通风。温度高与20℃时，应在夜间通风较好。

（5）采菇　适时采收，一般掌握在直径2.5～3.5厘米时采收，密度大时2.5厘米采。

（二）As3003 菌株

As3003 与 As2796 相似的特性，但菌肉更结实，预煮得率高。

1. 生物学特性　As3003 菌株在 PDA 培养基上菌丝呈银灰色，基内和气生菌丝也很发达，生长较 As2796 略差，在麦粒或粪草培养基上菌丝生长快。该菌株生长适应性广，最适生长温度为 24～26℃，在含水量为 55%～70% 的粪草料中均可正常生长。

该菌株鲜菇色泽洁白，朵形圆整，有半膜状菌环，菌盖厚，柄中粗较直，组织结实，菌褶紧密，色淡，不易开伞，每千克含菇 80～100 粒，后期菇大。空腹、菌柄脱皮或脱柄现象比 As2796 少，等外菇比例少，罐头加工性状与优质型菌株相近，预煮得率比 As2796 高 2%～3%，达 68% 左右，制罐质量符合部颁标准（NY 5097—2002）。

2. 栽培要点

（1）基质　As3003 菌株较耐肥，投料量要足，每平方米铺料不少于 30 千克，碳氮比 30∶1，如果投料不够或碳氮比太低，易产生小菇或薄菇。

（2）温度　As3003 菌株生长温度广，耐高温，子实体在 22℃ 温度持续高温 3～4 天仍正常生长，不易死菇，但在低温时出菇较少。

（3）水分　As3003 菌株低温时长菇慢出菇少，因此遇低温时要减少喷水量，以保湿为主，要防止喷水漏料，导致菌丝老化，待到气温回升再调水出菇，延长出菇期。出菇期间需水量与 As2796 菌株相似。

（4）通风　As3003 菌株爬土力强，扭结快，成活率高，覆土后要注意观察菌丝爬土情况，控制喷结菇水时期与通风强度，使菌丝体在离土表 0.5～1.0 厘米处扭结成出菇，适当控制扭结密度，可提高成菇率，增加单生菇。

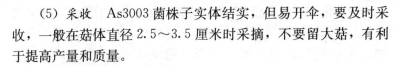

（5）采收　As3003菌株子实体结实，但易开伞，要及时采收，一般在菇体直径2.5～3.5厘米时采摘，不要留大菇，有利于提高产量和质量。

二、母种培养技术

1. 配方　适宜蘑菇母种菌丝生长的培养基配方有以下几种：

（1）PDA培养基　马铃薯200克，葡萄糖20克，琼脂20～23克，水1 000毫升，pH7。

（2）PDYA培养基　马铃薯200克，葡萄糖20克，酵母膏3克，琼脂20～23克，水1 000毫升，pH7。

（3）CPDA养基　马铃薯200克，葡萄糖20克，磷酸二氢钾2克，硫酸镁2克，维生素$B_1$1片，琼脂20～23克，水1 000毫升，pH7。

（4）葡萄糖玉米粉培养基　葡萄糖20克，玉米粉30克，磷酸氢二钾2克，硫酸镁1克，蛋白胨3克，琼脂20～23克，水1 000毫升，pH7。

（5）葡萄糖小米培养基　葡萄糖20克，小米50克，琼脂20～23克，水1 000毫升，pH7。

（6）葡萄糖麦麸培养基　葡萄糖20克，麦麸50克，琼脂20～23克，水1 000毫升，pH7。

PDA培养基是一般食用菌母种培养中常用的培养基，通过对PDA培养基加富，即添加以下几种营养物对促进菌丝生长的效果很好。

①酵母膏3克，麸皮30克，硫酸镁1克，磷酸二氢钾1克。

②蛋白胨3克，玉米粉30克，硫酸镁1克，磷酸二氢钾1克。

③玉米粉（30克），麸皮30克，硫酸镁1克，磷酸二氢钾1克。

在上述培养基中都有琼脂，在培养基中起固化作用，当它与培养基一起加热到96℃以上时融化成液体，趁热把培养基分装到试管摆成斜面，冷却到45℃以下后即凝固。琼脂在培养基中的加入量因使用季节或使用目的不同而异，一般在气温较高的夏季加入量为2.5%，其他季节加入量为2%~2.2%，琼脂的质量与加入量有很大关系，购买时需注意，琼脂本身为透明状的质量较高，半透明状或乳白状的质量较低，质量越低，凝固性越差，需加入的量也越多。但是，制作培养基时琼脂加入量要适宜，加入过多，培养基凝固太硬，菌丝吃料费劲生长慢；加入量不够，培养基又较稀软，不便于接种。

2. 制作方法 以PDA加富培养基制作为例，其他配方也可按下列步骤进行。

（1）准备工作 首先把试管洗净，口朝下摆放在试管架上晾干。然后做好棉塞，棉塞的大小、松紧要与试管口配套。做棉塞时所用的棉花要适量，要做的圆滑硬实，不易变形。一般棉塞长4厘米，塞入试管的部分占棉塞总长的2/3。塞入试管的棉塞要紧贴管壁，不留缝隙，不易过紧，过紧透气性差，拔出或塞入都比较费劲，不便于操作；过松则棉塞易脱落或掉入试管内，试管内培养基的水分也易散失。松紧度以提起棉塞试管不会掉落，拔出棉塞有轻微的声音为宜。

（2）制作过程 按配方要求准确称取各种材料的需要量，首先将马铃薯去皮、切成薄片，放在小铝锅内，加水约1 200毫升，把玉米粉或麸皮也加入，充分搅拌均匀，然后放在电炉或火炉上煮25分钟，边煮边搅拌，火不要太大，揭开锅盖不要使水液溢出锅外。煮好后趁热用双层纱布过滤，如果滤液不足1 000毫升，需加水补足。倒掉废渣，把铝锅洗净，再把滤液倒回铝锅内，加入琼脂继续加热，不停地搅拌至琼脂全部熔化后，再加入葡萄糖、酵母膏（或蛋白胨）、硫酸镁、磷酸二氢钾，充分搅拌均匀，趁热分装试管。分装时，尽量不要使培养基液沾黏试管

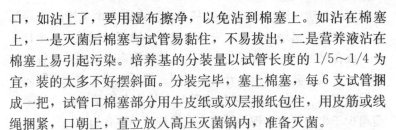

口，如沾上了，要用湿布擦净，以免沾到棉塞上。如沾在棉塞上，一是灭菌后棉塞与试管易黏住，不易拔出，二是营养液沾在棉塞上易引起污染。培养基的分装量以试管长度的 1/5～1/4 为宜，装的太多不好摆斜面。分装完毕，塞上棉塞，每 6 支试管捆成一把，试管口棉塞部分用牛皮纸或双层报纸包住，用皮筋或线绳捆紧，口朝上，直立放入高压灭菌锅内，准备灭菌。

（3）灭菌　灭菌前锅内的水加至需要的刻度，盖紧锅盖不能漏气，加热到压力表指针指向 0.05 兆帕时，打开放气伐排出锅内冷气，让指针回到零的位置，关闭放气伐，继续加热。当加热到指针指向 0.1 兆帕时，开始计时，让压力表的指针一直维持在 0.1～0.15 兆帕，60 分钟后停止加热。特别要注意的是，此时千万不能打开锅盖，否则，锅内突然减压，会使培养基快速上升沾到棉塞上，甚至冲出棉塞外。应让灭菌锅自然冷却，待压力表指针回到零位置后，先打开锅盖的 1/3，让气体逸出，利用余热烘干棉塞，3～5 分钟后掀掉锅盖，趁热取出试管摆放斜面。试管取出时要注意保持试管口始终朝上，然后再把试管口，即塞棉塞的一端慢慢垫放到木架上，使其成一定角度的斜面，一般摆放到试管内培养基的斜面占试管长度的 1/3 为宜。自然冷却后，培养基凝固成斜面状，收起存放。为了检查灭菌效果，可从中抽取几支试管，在 25℃放置 5～6 天，看斜面上有无杂菌，没有杂菌就可供接种用；如果有杂菌，说明灭菌不行，需重新灭菌，灭菌方法与开始灭菌的方法一样，但时间可缩短一些，保持 0.1～0.15 兆帕的压力 30 分钟即可。

灭菌效果好坏，直接关系到菌种成品率的高低。因此，要严格把好灭菌关，严格执行检验制度，可采取以下方法进行。

试管母种培养基经灭菌后，从高压灭菌锅中不同部位随机抽取 6 支，放置在 25℃±2℃恒温箱中培养 5～6 天，如无霉菌、细菌、酵母等杂菌出现，则认为灭菌彻底。

接种室或接种箱无菌效果的检验按下列方法进行。

①平皿法：PDA 试管培养基灭菌后，取 6 个试管把培养基倒入在无菌平皿培养基上，先盖上盖，待冷却后把其中 3 个打开盖，放在接种室不同位置的台面上或接种箱内，放置 5 分钟，然后再盖上盖，其余 3 个不开盖为对照。把开盖组与对照组同时在 30℃培养 72 小时，检查平皿培养基上是否有霉菌菌落，如果开盖组少于 1 个菌落，视为无菌室或接种箱基本合格。

②试管法：将试管斜面培养基取 6 支为一组，放置接种室或接种箱内，按无菌操作方法将其中 3 支试管棉塞去掉，开口 30 分钟后再将棉塞塞住封口，其余 3 支为对照。开口组与对照组同时放在 30℃培养 72 小时后观察，开口组没有长出任何菌落，则说明接种室、接种箱消毒良好。

3. 母种转接 所谓接种就是菌丝体的转接，把菌丝从试管内转到另一试管的培养基上生长，或者把试管内的菌丝转到原种瓶内的基质上，只要菌丝从一个容器内被转到另一容器的基质上就称为接种。

优良菌株必须通过试管的转接，才能进一步繁殖扩大菌丝体，从而满足菇农购买和大规模生产的需要。菇农购到试管母种后，通过试管转接扩大菌丝体，可以降低大量购买试管母种的开支，满足原种生产的需要。为此，掌握母种的转接技术有很强的实用性，基本操作程序（图 2-4）如下：母种转接过程要在无菌条件下进行，按照进入接种间的程序进行消毒灭菌，再把母种和试管培养基带入，接种前，接种台上（接种箱内或超净工作台都一样）要准备有酒精灯、酒精、酒精棉球、接种钩，消毒液泡过的湿布等。先用酒精棉球擦洗双手和母种试管的管口部分，点着酒精灯，开始准备接种。接种时左手同时手持母种试管和要转接的试管，先取掉母种试管的棉塞，母种试管的管口部分不要离开酒精灯火焰上方的无菌区，右手拿接种钩，在酒精瓶内把接种钩的前半部分蘸一下酒精，抽出后在酒精灯火焰上再来回地烘烧接种钩的前半部分，然后把要转接试管的棉塞拔出，接种钩伸入母种试管取豆粒大的一小块带基质的菌丝，快速地放入到转接试管培养基的中间，塞上棉塞，即完成一次母种的转接过程。这样反复操作，很快就能完成一支母种的转管，一般一支母种可以转接30～40支试管不等。具体转接的数量，根据需要来定，需要量少时，可以把一支母种分成几次使用，即这次用不完，塞上棉塞，保存在冰箱内5～6℃保藏，以后再用。

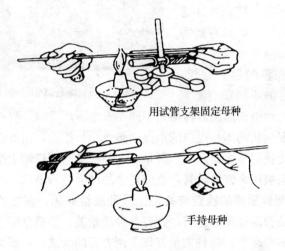

用试管支架固定母种

手持母种

图2-4　试管母种转接方法

（引自杨国良等，2003）

在接种时应注意，接种针不要烧的太热，否则会把母种基质与菌丝烧住，黏在接种钩上不易掉下，这时可把接种钩在斜面培养基上划几下，如果菌块还黏着不下，应抽出接种针，用酒精棉球擦净接种钩，再在酒精灯上烤干，继续接种。

4. 母种培养　接种后的试管，6支一捆用无菌的牛皮纸或报纸将试管的上部与棉塞包扎好，放入23～25℃培养箱培养。如果没有培养箱，可放在一个遮光的纸箱或木箱内，再把纸箱或木箱放入培养室或其他干净清洁、温度适宜的房间进行培养。正常情况下，培养8～10天菌丝就可长满试管斜面（图2-5），让菌

丝再长上 2～3 天，就可
转接原种。如果暂时不
用，应保存在5～6℃的冰
箱中。培养过程中，要经
常检查菌丝的生长情况，
仔细观察培养基斜面是否
有杂菌污染，特别要注意
细菌的污染。如果霉菌污
染后，培养基斜面上会出
现不同颜色的霉菌孢子，
根据颜色的不同很容易判

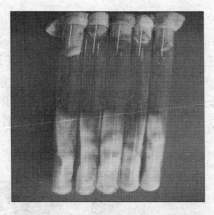

图2-5　蘑菇试管母种

定杂菌的污染。而细菌污染则不同，发生不严重时，仅在培养基
表面出现泡状的不是很白的小点，菌丝生长快时，菌丝会把它盖
住，致使我们不容易发现。但是，这种被细菌污染带上杂菌的试
管，如果被用来继续转管，会使更多的试管被污染。

5. 母种质量的检查与鉴定　母种质量好坏，直接关系到后
续生产是否能够继续进行，把好母种质量关，是蘑菇安全生产技
术中的重要环节。母种质量好坏有两方面的含义：一是菌株生物
学特性，是否适合当地气候和栽培条件，不能单凭菌丝生长快慢
来判定其优劣，必须结合出菇性能的测试才能证明其好与坏。二
是菌种优劣，除了受遗传性影响外，还与制种技术和培养条件等
有关。如消毒灭菌不彻底，操作不规范，或营养、温度等没有满
足菌株要求，生产出来的菌种就可能有污染，或者是菌丝细弱长
势差，这样的菌种不可能发挥出优良菌株的特性。因此，必须在
母种转管后对其质量的优劣有一个基本的判断，以确保母种菌丝
在进入下一个生产环节后是没有问题的，蘑菇母种质量的鉴定可
从以下几方面进行。

（1）菌种纯度　纯度是鉴定母种质量优劣的首要标准，所谓
纯度有以下两层意思：

一是菌株要纯，有稳定的遗传性状，没有老化或退化，不存在隐性污染。隐性污染的症状一般不明显，在培养基上没有任何杂菌，培养基配方营养及培养环境条件也没问题，转管后菌丝萌发较好，初始生长也不错，但以后菌丝却是越长越弱，这种情况下就可能是菌株存在着隐性污染。它与菌种老化或退化的区别是，隐性污染的初期菌丝萌发还好，而菌种老化或退化后，菌丝的萌发力就非常弱。

二是基质要纯，要使用没有感染任何杂菌的纯培养基转接母种，接种前或接种后培养基中出现白色、黄色、红色、绿色、黑色等不正常的色泽时，说明母种已被污染，必须废弃不能使用。污染有霉菌和细菌污染两类，细菌污染主要是在培养基上接种块旁或周围出现浅白至淡黄色的泡状，黏糊状或片状的东西，菌丝生长快时会把细菌斑点盖住，转接原种后，会使培养料发酸发臭，严重影响菌丝生长。

（2）菌丝长势　菌丝长势是指菌丝生长的速度和势态，母种培养中，凡是菌丝生长健壮，生长速度快，菌丝繁茂，菌落厚的就应该是好菌种；而菌丝生长细弱、稀疏，灰白，菌落薄，肯定不是好菌种。

（3）菌种菌龄　菌龄有以下两种算法：

一是以母种继代的次数，即以试管菌转管的次数来计算菌龄。以 M1 表示母种一代，那么，M1 转接后的试管菌就是 M2，即母种二代，如果 M2 再转接后就变为 M3。依次类推，M 后的数字越大，说明菌种的菌龄越大。

二是以母种培养时间和保存时间的长度，即从试管菌转接后就开始算起，菌丝从萌发到长满试管斜面以及以后保存的天数都算菌龄。比方说两支试管 A 和 B 菌都是 M2，培养时间短的 A 菌龄小，培养时间长的 B 菌龄就大。假如说 A 培养时间为 10 天，但保存时间为 20 天，加起来一共是 30 天。而 B 培养时间为 13 天，但保存时间只有 10 天，加起来一共是 23 天。则这时 B

的菌龄小，A 的菌龄反而大。

菌龄大小对菌种质量的影响，表现在菌种随着培养时间延长，生理活性会逐渐降低，菌龄越大，生理活性越低。如果把菌龄大的菌种，继续转接试管或原种，则其萌发力就不如适龄的菌种强。

综上所述，母种质量检查与鉴定是一项系统性的工作，通过对母种质量检查与鉴定，可以加深对菌株特性的了解，发现母种制作中存在的问题，不断总结培育优质菌种的经验。母种质量的好坏，从纯度、长势与菌龄上可以基本判定优劣，但最可靠的方法还是通过栽培出菇的实践。因此，在大规模生产前，应先通过试验，把优良菌种保留下来继续使用，不好的菌种坚决淘汰掉。

6. 母种保藏技术 母种保藏是生产上保藏菌种的一种主要方法。通过母种保藏可以把从各地引进的菌株保存起来，为以后的生产所用。通过母种保藏，可以把经过生产实践检验，证明是适合当地气候与栽培条件的优良菌株进行长期保藏，防止绝种。母种保藏有以下几种方法：

（1）斜面低温保藏法 斜面低温保藏法又称继代培养法，该法采用试管斜面培养基保藏在冷藏箱内（4～6℃），不需其他特殊设备，保藏时间为 6～12 个月。

保藏方法：把需要保藏的菌株在适温下培养，当菌丝快要长满斜面时，选择菌丝生长健壮，菌落厚的试管菌种 3 支以上，用防潮牛皮纸和塑料膜双层包扎，然后放入牛皮纸信封内，写上菌名和日期，可放入冷藏箱保藏。

在保藏过程中，应每个月定期检查一次，看棉塞是否受潮，若受潮后极易导致杂菌污染，应及时更换棉塞，方法是在无菌条件下，把无菌的棉塞在酒精上烧一下，然后拔掉旧棉塞，迅速把新棉塞放入管内，然后重新包扎贮藏。如发现棉塞上有黑色、绿色或其他颜色的非常细小的点时，说明棉塞已被杂菌污染，而且杂菌的孢子已掉在了培养基上，应马上取出淘汰，重新补充新的菌种。

为了预防出现污染或菌丝萌发差等问题，有可能使菌株报废而绝种，转管时要加倍转接试管，至少接 6 支；同时应在原试管内保留一部分菌种继续贮藏，看一看转接的试管有没有问题，如果有问题，应把保留的菌种取出进行转接。同时在原试管内应继续保留一部分菌种，防止出现新的问题。

（2）麦粒菌种保藏法　采用麦粒培养菌丝体并在低温下保藏，材料来源广泛，制作保藏方法简单，适于在广大菇农中使用。其制作方法如下：选择干净、籽粒饱满的麦粒，淘洗后在水中浸泡 5～6 小时，然后在开水中焖煮 15～20 分钟，注意火不要太大，以焖为主，不要把麦粒煮开花。焖煮好后，捞出空去多余的水分，稍加晾干即可装入试管，由于麦粒不用摆斜面，所以装入量可占到试管长度的 1/3～1/2，装好后塞上棉塞，再用牛皮纸和塑膜双层包扎，放入高压锅灭菌，保持 0.1～0.15 兆帕的压力 1.5 小时。灭菌冷却后，在无菌条件下，接入需要保藏的菌种，标上菌名和日期，适温下培养。当麦粒上长满了菌丝时，停止培养，把试管包扎好，装入牛皮纸信封保藏。保藏期间要定期检查，检查方法和注意事项与斜面试管一样，可参照去做，麦粒种在 5℃左右可保藏 4～6 个月。

（3）粪草菌种保藏法　蘑菇为草腐菌，菌丝生长过程中能够很好地利用纤维素、半纤维素，因此在粪草培养基上生长良好，也可以用其来保藏菌种。制作与培养方法如下：选择适宜蘑菇生长的粪草培养基配方（参见蘑菇栽培菌制种部分），培养料配好后装入试管，右手拿住试管的上部，把试管的底部轻轻地在左手心蹾几下，使培养料下沉不要太松，但培养料也不要太紧，装入量占试管长度的 1/3～1/2 为宜，装好后擦净试管内外，特别是试管口，塞上棉塞，再用牛皮纸和塑膜双层包扎，放入高压锅灭菌，保持 0.1～0.15 兆帕的压力 2.0 小时。灭菌冷却后，在无菌条件下，接入需要保藏的菌种，注明菌种名和日期，适温下培养。

当菌丝体快生长到试管的底部时，如果要在自然温度下保藏，即可停止培养，重新把试管包扎好，试管外再用双层报纸包住，放在阴凉、干燥、温度变化小的地方保藏。

如果是在冰箱低温下保藏，要等到菌丝体长满了粪草培养基时，才可停止培养，重新把试管包扎好，装入牛皮纸信封保藏。

粪草种与麦粒种一样，在自然温度保藏时检查比较方便，可以随时查看。如果是在冰箱保藏，则需要定期检查，具体检查方法和注意事项也与斜面试管的保藏基本一样，可参照去做。

粪草种在自然温度下可保藏 3～4 个月，在冰箱低温下可保藏 8 个月左右。粪草种在保藏后继代培养时，由于粪草种萌发速度慢，因此，应先转接到斜面母种培养基上，使菌丝的生长能力逐步得到恢复后，才可以继续转接到其他培养基上保藏，或者是转接到原种培养基上进行原种的培养。

7. 母种复壮技术 由于菌种退化或老化使菌株抗病、抗杂能力降低，不仅严重影响产量和质量，甚至导致栽培失败。因此，采取复壮措施是恢复菌株生长发育能力，提高生产水平的一种有效手段，尤其是经过长期保藏的菌株，更需要对其进行复壮，才能应用于生产。

（1）退化菌种的复壮 复壮退化的菌种目前主要采取两种方法，一是通过对原菌株子实体的组织分离，二是采集原菌株的担孢子进行单孢或多孢杂交。

组织分离可以较快地使菌株得到复壮，因而在生产上是一种常用的简便方法。组织分离技术有几点需要注意：首先，子实体一定要选择无病斑、无虫蛀、菌盖厚实、菌柄粗短、中等成熟、未开伞、菇型较大的健壮菇体。选好后、采摘前，不要向菇体喷水，菌盖中含水量太大不利于菌丝的萌发。其次，组织分离时严格按无菌操作的要求去做，子实体要在接种间消毒灭菌后再带进去，操作时直接从菌柄处撕开两半，在菌柄顶端菌肉最丰富的部位取菌块转接到试管中培养。菌丝萌发后每天要观察记录温度与菌丝生长情况，通过对其纯度、长势、色泽等方面的质量鉴定，确定是淘汰还是保留下来继续进行出菇试验。最后一定要通过出菇性能的测试，证明菌株确实得到了复壮才能用于生产，千万不可仅凭菌丝生长的好坏就盲目地投入生产。

此外，在组织分离中，要保证组织分离的试管数量在 10 支以上，扩大选择的范围，不可仅分离两三支试管，这样不利于优中选优。因此选择的子实体至少要有 5 个，每个子实体分离 6 支试管，做好编号，以便于观察对比。

图 2-6 是组织分离蘑菇横切面示意图。

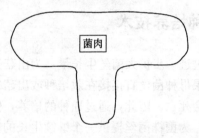

菌肉

图 2-6　组织分离蘑菇横切面示意图

（2）老化菌种的复壮　老化菌种是一种生理衰退现象，在生产上主要采取以下措施进行复壮：

第一要选用优良菌株，根据不同的生产季节选用不同温性、具有较强的抗逆性和适应性的菌株，尤其菌丝体要有较好的耐水性与保水性，一是能在水分较大的基质上生长，二是能保持较长时间的水分，这样的菌株才有较强的生理活性，衰退慢。

第二要选用优质的培养基，要选用理化性状皆优的培养材料，在母种培养基中最好添加 30～50 克的麸皮，原种、栽培种最好使用持水能力较强的棉籽壳，如果选用玉米芯，颗粒不能太大，平均在 0.5 厘米以下，并要加入适量的麸皮和玉米粉。

第三要创造良好的培养环境，要保证菌丝在黑暗条件下生长，培养温度宁低勿高。要比适宜的温度低一些，菌丝生长慢一些；也不要温度太高，高温下菌丝生长虽然快，但是脱水也快。培养环境湿度应不低于 60%，如果湿度较低时，应通过喷水增加湿度，避免培养基内的水分过快蒸发。

第四要有好的保藏条件，母种的保藏尤为重要，保藏期满后要及时地转管，不要等培养基干缩后才转管。原种暂时不用时要保藏在低温条件下，使用时把上边较干的菌块挖掉，取用中下层的菌种。栽培种暂时不用时去掉口圈，扎紧袋口，减少水分散失，使用时顶端灰白的菌丝和菌皮，留下下部健壮的菌丝转接出菇袋。

三、原种培养技术

原种是通过进一步扩大菌丝生长量，为出菇生产搭建的一个过渡桥梁。如果母种菌丝直接接在栽培种或出菇袋上，绝大部分生长不良或者会死亡。因此，通过原种的培养，使菌丝逐渐适应新的培养基质，为菌株菌丝提供一个继续生长的良好环境。

1. 培养基配方 培养原种所用的原料有小麦粒、高粱粒、棉籽壳、玉米芯等，添加的辅料有白糖、麸皮、磷肥、石膏等。这些原料可按以下配方配制：

（1）麦粒培养基 小麦粒 98%＋白糖 1%＋石膏 1%。

（2）玉米粒培养基 玉米粒 93%＋麸皮 5%＋白糖 1%＋石膏 1%。

（3）高粱粒培养基 高粱粒 95%＋麸皮 3%＋白糖 1%＋石膏 1%。

（4）棉籽壳培养基 棉籽壳 87%＋麸皮 10%＋白糖 1%＋石膏 1%＋磷肥 1%。

（5）玉米芯培养基 玉米芯 80%＋麸皮 18%＋石膏 1%＋磷肥 1%。

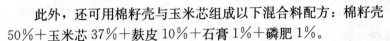

此外，还可用棉籽壳与玉米芯组成以下混合料配方：棉籽壳50％＋玉米芯37％＋麸皮10％＋石膏1％＋磷肥1％。

上述所有配方的酸碱度（pH）装瓶前均为7；含水量根据不同配方材料稍有差异，一般在65％左右；装料容器为菌种瓶或罐头瓶，采用双层封口，第一层为聚丙烯膜，先在聚丙烯膜中间剪出直径约1.5厘米大小的圆洞，装料后先把它盖上，并用皮筋扎住。然后再盖上一层牛皮纸或双层报纸，也用皮筋扎住。接种时只需把牛皮纸打开，从塑膜的圆洞处把菌种接入，再迅速把牛皮纸或报纸盖好就可以了。

2. 制作方法

（1）麦粒原种的制作 麦粒营养丰富，颗粒大小适中，有较好的吸水性和透气性，因而菌丝生长快、粗壮有力，菌丝量也多，是制作原种的较好材料。要选用干净、无霉变、籽粒饱满的麦粒，在水中浸泡5～6小时让它自然吸收水分，待籽粒吸水膨大后，再捞入开水中焖煮15～20分钟，边煮边搅拌，上下翻动，火不要太大，以焖为主，不要把麦粒煮开花。当煮至麦粒不软不硬，掰开内无实心时捞出空去多余水分，加入石膏拌匀装瓶。装瓶不宜太满，装至瓶肩为宜，装complete后把瓶擦干净，特别是瓶口内外要擦净，然后，盖上塑膜和牛皮纸进行灭菌。高压灭菌在0.1～0.15兆帕的压力下保持1.5～2小时，常压灭菌需6～8小时。

（2）玉米粒原种的制作 玉米也是制作原种的较好材料，唯一缺点是颗粒较大，装瓶后颗粒间有较大的空间，对菌丝生长有一定的影响。因此，在制作玉米粒原种时要加入一些麸皮，可以减小颗粒间的空间，更有利于菌丝的生长。玉米粒原种的制作同样首先要选用干净、无霉变、籽粒饱满的玉米粒，在水中浸泡18～24小时，由于玉米粒表皮较硬故在水中浸泡的时间要长，当表皮泡软并吸收了一些水分后，捞入开水中煮25～30分钟，要边煮边搅拌，上下翻动，一开始火可以大一点，但之后火不要太大，以焖为主，不要把玉米粒煮开花。当煮至玉米粒掰开内无白心时，捞出空去多余的水分，加入麸皮、石膏拌匀。装瓶灭菌方法与上述麦粒种的方法相同。

（3）高粱粒原种的制作　制作高粱粒原种的程序与麦粒或玉米粒原种的制作方法基本一样，可参照去做。

（4）棉籽壳原种的制作　棉籽壳质地松软，吸水、保水性好，营养成分较高，十分适合蘑菇菌丝的生长，是使用最广的一种材料。要选择无霉变、杂质少、壳皮不要太碎、含绒量适中的棉籽壳，先按棉籽壳与水1∶1.6的比例拌起，然后再按配方比例加入麸皮、石膏、磷肥，磷肥如果是颗粒状的要碾碎后再加入，充分拌匀后用塑膜覆盖3～4小时，让材料吸足水分。装瓶前再调整含水量为65%左右，即用手紧握指缝间有水滴下为宜。装瓶时边装边压紧，装至瓶肩即可，装好后用细木条在瓶中间扎一个约1厘米直径的圆洞，圆洞要通至瓶底。然后，把瓶身及瓶口的内外擦净，盖上塑膜和牛皮纸进行灭菌。高压灭菌在0.1～0.15兆帕的压力下保持2～2.5小时，常压灭菌需8～10小时。

（5）玉米芯原种的制作　玉米芯穗轴粉碎成0.5厘米左右大小即可用来制作原种。玉米芯中所含的可溶性糖类较高，因此在配方中加入足量的麸皮就可，不需另加白糖。

制作玉米芯原种时，先把粉碎好的玉米芯浸泡在1%石灰水中3～4小时。通过浸泡，一方面石灰水的强碱性可杀死部分霉菌，另一方面可使玉米芯的海绵状物充分吸水。捞出后再加入麸皮、石膏、磷肥拌匀，堆制1～2小时。装瓶前要调整pH，由于玉米芯浸泡在碱性石灰水中，pH较高，必须调至pH为7或略高一点，含水量调整为65%～68%，即用手紧握指缝间有水滴下。装瓶过程中要边装边压紧，装至瓶肩即可，装完后同样要用细木条在瓶中间扎一个约1厘米直径的圆洞，圆洞通至瓶底。然后，把瓶身及瓶口的内外擦净，盖上塑膜和牛皮纸或双层报纸进行灭菌。高压灭菌在0.1～0.15兆帕的压力下保持2～2.5小时，常压灭菌需 8～10 小时。

（6）混合料原种制作　通过玉米芯与棉籽壳的混合，弥补了玉米芯保水能力低的缺点。即增加了保水性又有较好的透气性。因此，采用混合料不仅可以满足菌丝生长的需要，还可大大降低生产成本，因为玉米芯的价格，一般仅有棉籽壳的 1/2。

制作混合料原种，应先将两种材料混合，然后再添加辅料，玉米芯要先在水中浸泡 2 小时后再混合。含水量掌握在 65% 左右，pH 为 7，装瓶灭菌可参照其他材料的方法去做。

3. 接种与培养

（1）接种　灭菌后的原种瓶，当温度降至 25℃ 以下时，先用干净的抹布把瓶体及瓶盖上沾有的泥土或杂质擦干净，然后搬入接种间，并按照消毒程序对接种间进行消毒灭菌。接种时再把母种试管拿入接种间，用 70% 酒精棉球把接种钩、试管表面擦一下，然后在酒精灯火焰上将试管口和接种钩烤干，取指甲盖大小的一块母种转入原种瓶内。需要注意的是，试管口不要离酒精灯火焰太近，否则，易把试管烧裂或菌种取出时烫死菌丝。接种钩也不能烧的太热，不然，也易把菌丝烫死或黏在接种钩上不易掉下。

接种过程最好两个人配合进行，一人开原种瓶的纸盖，另一个人从母种试管中取菌种，两个人要配合好，开盖与取菌同时进行，打开盖的同时正好菌种也取出能及时放入瓶内。不要开盖过早等菌种，也不要过早取出菌种等开盖，尽量缩短原种瓶开盖后和菌种在空气中的暴露时间。接种过程中如菌种掉在瓶外，就不能再拣起放入瓶内，如掉在塑膜盖上要用接种钩钩入，不能用手拨入。如发现瓶的纸盖有破裂的，要换上灭过菌没有破裂的纸盖。一般一支试管母种可转接 5～6 瓶原种。

（2）培养　原种接完后写上标记，放在培养架上或恒温箱内培养。培养室要干净卫生，在菌种放入前，要对墙壁、床架、地面进行彻底消毒。培养初期温度可略高一点在 24～26℃，以促进菌丝的萌发，当菌丝开始"吃料"后，温度要逐渐降至 21～23℃，有利于菌丝的健壮生长。原种菌丝的生长要求在黑暗条件下培养，要用黑布做窗帘。

在原种培养过程中，要定时检查菌丝的生长情况，首先要看菌丝是否萌发，在 24～26℃ 条件下，一般在第三天菌丝就会萌发，第四天就可看见萌发出的白色菌丝。第二要看菌丝是否开始"吃料"，一般菌丝萌发后就会向下生长，沿基质向四周扩展，就好像菌丝在"吃料"。第三要看瓶内是否有杂菌污染，如果在瓶壁上、瓶口和菌块旁出现绿色、黑色、黄色或其他不正常色泽的斑点，说明菌种已受到污染，应及时拣出，在室外把斑点挖掉埋入土中，剩下的部分掏出重新调整水分和 pH，再装瓶、灭菌、接种。

4. 原种制作需要注意的问题

（1）灭菌问题　高压灭菌锅要注意排净锅内的冷气，否则压力虽然达到了 0.1～0.15 兆帕的要求，但由于锅内冷气的影响温度却达不到标准要求。采用常压灭菌时，灭菌灶内的温度要在达到 100℃ 以后开始计时，并保持 6～8 小时，停火后不要立即取出菌种瓶，再闷上 3～4 小时效果会更好。

原种培养基灭菌是否彻底，可按以下方法进行检验：从灭菌锅中分层进行随机取样 6 瓶，放置在 25～28℃ 恒温培养箱中培养 6～7 天，检查是否有霉菌菌落生成，如出现杂菌污染，说明灭菌不彻底，应找出污染原因进行改进。

检验是否有细菌存活，可使用细菌培养基进行检测。制作细菌培养基方法如下：称取牛肉浸膏 10 克，蛋白胨 10 克，NaCl 15 克，琼脂 18 克，加蒸馏水 1 000 毫升，经加热溶解后，装入试管中，在 121℃ 条件下灭菌 25 分钟，自然降压冷却，取出排成斜面试管，放置 2 天试管内无冷却水后再进行检验。把抽取的样品，分别在无菌条件下取出 1 厘米大小的一块接入试管内斜面培养基上，然后在 30℃ 培养 48 小时，如果没有细菌菌落产生，说明灭菌彻底。

（2）材料问题 培养基要选用没有发霉的材料包括辅料，如果材料中有霉变，特别是谷粒种，如玉米粒中的霉变，杂菌被包在玉米的种皮内，起到了保护杂菌的作用，即使在高温（121℃）下也很难把它杀死。其他材料，如在棉籽壳中脱仁不净，棉仁发霉后，也很难在高温下把它杀死。遇到这种情况，可采取的办法是先把棉籽壳堆积发酵2～3天，一是让棉籽发芽顶破种皮；二是让杂菌萌发，杂菌在高温下很容易被杀死。

（3）菌种问题 要选用没有污染、生长健壮的母种。如果接种后发现菌种块被霉菌污染时，说明菌种本身带有杂菌，仔细观察棉塞会发现有绿、黄或黑色的小点，这样的母种试管绝对不能再使用。

（4）接种问题 接种时两个人要配合熟练快捷，在接种过程中不要随便出入，也不要在室内来回走动，不要抽烟等。

（5）瓶盖问题 灭菌后取瓶时，要先看瓶盖是否完好，纸盖有没有破裂，皮筋有没有脱落。纸盖有破裂的要换上好的，皮筋脱落的要赶快用皮筋把纸盖重新扎好。

（6）培养问题 在高温高湿环境条件下，易引起菌种污染。培养过程中如遇到突发的高温高湿天气，要加大培养室通风换气，降低温湿度，把菌种瓶散开单层摆放在地面上，有利于降低瓶内温度。

5. 原种的质量鉴定

（1）纯度 看有没有污染，如果在菌种瓶的瓶壁、瓶口等不同部位发现有杂菌斑点，污染的原种肯定不能用，要重做。

（2）长势 看菌丝的生长速度和粗细，菌丝生长均匀、粗壮的为好菌种，菌丝生长慢且细的为差菌种。

（3）菌龄 菌丝长满瓶后，再培养3～4天就可转接栽培种，不要放置时间太长使菌龄变老。但是，如果菌丝生长很慢，超过了正常生长时间仍不能满瓶，可能存在几个问题：一是培养基不适合菌丝的生长，如培养材料装得太紧、太实，透气性差，菌丝由于缺氧生长无力或者是没有菌丝伸展的空间，致使菌丝无法继续向下生长。二是培养基水分太大，水占据了空间使透气性变差，同样造成菌丝不能继续顺利生长。三是菌种可能出现退化，生长能力出现衰退。以上3种不同情况要视菌丝的具体长势来分别对待：第一种，如培养材料上松下紧，上边的菌丝长的还可以，则上边的菌丝还可以用。第二种，把原种瓶倒置过来，让瓶口朝下不要开盖，空出多余水分，菌丝可以继续生长，菌种还可使用。第三种情况应坚决淘汰，不能使用。

6. 原种的保藏和使用 原种暂不使用时可以保藏，但不宜保藏太长时间。保藏前要把纸盖取掉，换上无菌的塑膜盖，并把塑膜盖要特别扎紧，通过减少菌种瓶内外的气体交换，防止培养基水分过快蒸发，降低菌丝有氧呼吸，避免菌丝过快衰老。应放在4～6℃的冷藏箱内，可保藏1个月左右。如没有低温条件，可放在黑暗和温度较低的地下室、菜窖等。

在使用原种转接栽培种时，要先用干净的抹布把瓶体及瓶盖上沾有的泥土或杂质擦干净，在无菌条件下打开瓶盖后，再用接种铲把上部表层较干的菌丝刮掉，取用下边的菌种进行转接。此外，在接种打开瓶盖时，有时会发现菌种表层有污染点，这时应立即把瓶盖再盖上，放弃不用。不要去拨动污染点，否则会把杂菌孢子散布在空气中，污染接种环境。但是，如果菌种紧缺非用不可，好的办法是先用石灰泥一下把霉点全部盖住，然后扩大范围、深挖下去把石灰泥和霉点掏出，再把0.5～1厘米的表层菌种刮掉，下边的还可接种用。

四、栽培种培养技术

制作栽培种目的是继续扩大菌丝体的量，以满足出菇生产的需要。在生产上有足够的原种可供使用时，原种也可以直接用于出菇生产，省去了栽培种制作这一环节。在大部分情况下由于原种有限，仍需通过栽培种扩大繁殖。

1. 原料与配方 制作栽培种所用的材料主要是小麦、高粱、棉籽壳。玉米粒和玉米芯也可以用，但不如前者效果好。

用小麦、高粱制作栽培种，其配方、制作工艺流程、技术要求等与原种的制作方法基本一致，也需要添加麸皮、石膏、磷肥等辅料，但不需要添加白糖，仍可添加适量的麦麸，有利于菌丝的更好生长。

（1）小麦粒培养基 小麦粒 94% ＋麸皮 5% ＋石膏 1%。

（2）高粱培养基 高粱 90% ＋麸皮 9% ＋石膏 1%。

（3）棉籽壳培养基 棉籽壳 87% ＋麸皮 10% ＋石膏 1% ＋磷肥 1% ＋石灰 1%。

2. 制作方法 用小麦、高粱制作栽培种，制作工艺流程、技术要求等与原种的制作方法基本一致，用棉籽壳制作栽培种原材料与原种基本一样，但制作方法与原种不同，要采取短期发酵技术，培养料须经过发酵后才能装袋灭菌，发酵期 3～4 天，发酵目的是促使培养料内的杂菌孢子萌发，由于杂菌孢子萌发后不耐高温，装袋后通过高温灭菌，就可以有效地杀灭杂菌，减少栽培种污染率，促进菌丝的生长。

棉籽壳栽培种的制作方法如下：

（1）材料配制 先按 100 千克水加入 1 千克石灰的比例，配制成 1% 石灰水，再按料水比 1∶1.5 的比例，把棉籽壳用 1% 石灰水拌起，然后把麸皮、石膏与磷肥均匀地撒在料堆上，再充分拌匀后建堆发酵。

（2）堆积发酵 先把培养料堆积成圆堆状，用铁锹把在圆堆的顶部和四周向下捅几个圆洞，圆洞要通至料堆的底部，这样做的目的是为了料堆内的气体能够交换，使发酵上下均匀。在料堆上再插入杆状水银温度计，然后用塑膜把料堆完全覆盖，再用砖块或其他泥土等将塑膜的边角压紧，不要让大风将塑膜卷走，让培养料进行自然发酵。

建堆后，料堆内的温度与气温有很大的关系。在夏季高温天气下，一般在建堆的当天 2～3 小时后，料温就开始上升，发酵的第二天，扒开料的表层可看到有一层培养料变为灰白色，这是在高温放线菌的作用下产生的现象。如果把料堆以横切面刨开，可以看到料堆基本上分为 3 层，即底层、中间层和表层，中间层就是培养料变为灰白色的这一层。这时中间层的温度最高，表层次之，底层的温度最低。当料堆的中间层温度达到 60℃后，这时应把塑膜掀掉，把料堆翻一次。翻堆时要注意，先把料堆的表层扒下来放在一边，等把中间层即灰白色层扒下来铺在新建料堆的底部后，再把表层料铺在它的上边，最后把剩下的底层料翻上去，翻堆时如发现料有点干，应边翻料边洒些石灰水，既补充水分也防止在酸性条件下发酵。建堆后用铁锹把再向下捅几个圆洞，覆盖塑膜继续发酵。发酵的第三天，当料堆的中间层温度再次达到 60℃后，掀掉塑膜再次翻堆，翻堆时要把各层料上下充分混匀，先翻一遍。翻第二遍前，要先测定培养料的含水量和 pH。含水量的标准是在 65％左右，即用手紧握培养料在指缝间有水纹出现或有水滴下。pH 的标准是 7，因为培养料在经过灭菌后会下降 1 左右，因此在装袋前的 pH 要略高一些，这样在经过灭菌后 pH 会自然下降到 6 左右，正适合菌丝生长的实际需要。一般培养料在经过发酵后，由于水分的蒸发和发酵产生的有机酸作用，料内的含水量和 pH 都较低。如果含水量和 pH 都较低时，可直接向料堆上洒石灰水；如含水量合适而 pH 较低时，在料堆上撒干石灰粉；如含水量较低而 pH 合适时，在料堆上洒水即可。翻过第二遍后，再测定含水量和 pH，如含水量和 pH 都已合适，即可装袋。如含水量和 pH 都不合适或其中一个不合适，就必须继续调整，直至调整到都合适才可以开始装袋。

（3）装袋灭菌 培养料的含水量和 pH 调整好后，立即装袋或装瓶，不可放置太长时间，尤其在夏季，如果放置时间过长，培养料内的含水量和 pH 会发生变化，必须重新调整含水量和 pH。装袋时边装边压实培养料，但不要压得太紧，注意不要撑破菌袋，松紧度以用手袋能有小坑，松手后小坑又能恢复原状为宜。用装袋机装袋时，则用右手托住菌袋，让培养料慢慢顶出即可，如果装的松，再用手压紧。装完袋后立即放入灭菌锅灭菌，不要放置太长时间，尤其在夏季，如果放置时间较长，袋内培养料就会发酸发臭，pH 迅速下降，灭菌后也不利于菌丝的生长。菌袋装锅时要把菌袋以井字形摆放在锅内，这样可在菌袋间留有较大的缝隙，有利于灭菌时高热气体的流通，对袋的各个面灭菌都比较彻底。高压灭菌在 0.1～0.15 兆帕的压力下保持 2～2.5 小时，常压灭菌要在锅内温度达到 100℃后继续灭菌 8～10 小时，停火后不要立即打开盖，利用余热闷上 3～4 小时后再开锅取袋。

3. 接种与培养

（1）接种　栽培种量大，在接种室不便操作时，可另选择一个宽大的房间接种。先把房间打扫干净，再用 3‰石灰水对房间的各个角落包括顶棚和地面，进行全面喷洒，窗户封严实，不要走风漏气，然后把灭菌后的菌袋搬入，摆放成井字形，再对房间进行彻底消毒，用 3‰克霉灵水剂在房间内喷雾，使室内空气中的杂菌或尘埃黏附在雾珠上下落，消毒完毕半小时后，把原种瓶拿进房间，先用干净的抹布或者是 1‰克霉灵水剂把瓶体及瓶盖擦洗干净，然后把手用 70%酒精棉球擦洗干净，点着酒精灯在火焰上方揭掉瓶盖，再用镊子夹上酒精棉球把瓶口内外擦洗一遍，同时在酒精灯火焰上烤干瓶口与镊子，即可开始接种。接种时应两个人配合进行，一个人解开袋口，另一个人从原种瓶用镊子往袋里拨取菌种，两个人要配合好，开袋与取菌同时进行，打开袋口的同时正好菌种也取出能及时拨入袋内。不要开袋过早等菌种，也不要过早取出菌种等开袋，尽量缩短开袋后和菌种在空气中的暴露时间。接种过程中如菌种掉在袋外地上，就不能再拣起放入袋内。这样反复进行，接完一瓶再接另一瓶，一般一瓶原种可接栽培种 10～12 袋。

(2) 培养 栽培种全部接完后，搬入培养室培养。培养初期温度可略高一点，为 23～25℃，以促进菌丝的萌发，当菌丝开始"吃料"后，温度要逐渐降至 18～21℃，有利于菌丝的健壮生长。栽培种菌丝的生长要求在黑暗条件下培养，因此要用黑布做窗帘，菌袋在地面摆放时，要根据室内的通风情况与温度高低，确定菌袋的位置、密度和层高，具体要注意以下几点。

①菌袋摆放位置：一般来讲，墙角等空气不易流同的死角，尽量不要摆放菌袋，因为在菌丝萌发生长过程中需要消耗大量的氧气，并排出二氧化碳，如果空气不能有效流通补充氧气，就会形成局部的氧气不足，抑制菌丝的生长。因此摆放菌袋时除了要考虑墙角等因素外，还应注意空气流动的方向，菌袋摆放成一排一排后要与空气流动的方向相一致，这样才有利于空气在室内的自由流动。此外，为了使各个菌袋中的菌丝生长一致，在培养过程中可经常地调换菌袋的位置或朝向，有助于菌丝的生长。

②菌袋摆放高度：菌袋摆放的适宜高度与室内温度有关，由于菌袋内菌丝的生理活动要产生一定的热量，上下袋之间接触部分的热量不易散发，因此在上下袋之间接触区的温度，总是高于室内的自然温度，而且摆放层数越高，比室内的温度也越高。在菌袋多层摆放时不同层间菌袋的温度差异，以低层最低，顶层次低，这是由于低层的菌袋与地面接触，可通过地面带走部分热量，而顶层菌袋的热量也可通过空气的流动带走部分热量。为了避免菌袋温度太高不利于菌丝的生长，特别是在高温季节室内温度较高的情况下，菌袋温度太高时易产生"烧菌"现象。因此室内温度太高时，菌袋应以单层摆放为宜，最多也只能摆放两层。

菌袋摆放时不同层间的温度差异，对菌丝生长有不同的影响，如摆在最底层的菌袋，由于温度较低生长缓慢，而摆在其上面的菌袋，温度较高生长也快，为了使各层菌袋间的生长速度能够一致，可通过翻垛和倒袋的措施，即每隔几天要把菌袋重新摆

放，把原来中间层温度高的摆在低层，再把低层的摆到上边来。

③菌袋摆放密度：菌袋摆放密度除了要考虑上述所讲空气的流通问题外，主要也是与室内的温度有关。为了保持菌袋的温度，满足菌丝生长对温度的要求，温度越低时菌袋的摆放应越紧密。但是，在菌袋紧密摆放时，菌丝生长所需的氧气供应又成了问题，这是一对矛盾，解决的办法是要通过倒袋，即每隔3～4天把菌袋重新摆放一遍，里层的放到外层，外层的再放到里层，这样既满足了菌丝对温度的要求，又能及时地呼吸到氧气，基本能保证各个菌袋间的菌丝生长一致。

4. 栽培种制作需要注意的问题

（1）发酵问题 培养料发酵是一个复杂的问题，尤其是短期发酵法，既要使材料中存在的杂菌孢子萌发，又不能使材料过分腐熟，除了严格要求发酵时间不能过长外，怎样才能达到最好的发酵效果，有几方面需要注意：一是材料的含水量要适宜，在培养料配制时首先要按料水比1：1.5～1.6的比例加入石灰水，然后根据水分的流失情况再适当进行补充。如果含水量太低，一些材料还是干的，那么存在其上的杂菌孢子就不会萌发。如果含水量太高，培养料会进行嫌气性发酵，厌氧菌大量繁殖，使培养料发黏并且产生一股酸臭味。二是酸碱度要保持在微碱性，即 pH 在7～8。由于在发酵过程中各种微生物的生理代谢活动，不断地产生有机酸，使 pH 逐渐下降，因此，在配料时和翻堆中都要用石灰水或干石灰调整 pH，在装袋前更要把 pH 调整好。三是翻堆要均匀，翻堆时一定要注意把料堆边有结块的培养料打碎，先放在一边，翻堆过程中再把它埋到料堆的中间层里。因为结块的培养料，在存放时受潮或雨水淋过，结块内的杂菌很多，掰开结块就可看到霉斑，如不打碎水分在短时间内进不去，很难让其萌发。当把结块装入袋后，再经过一段时间杂菌萌发，结果在袋内生长造成污染。

（2）灭菌问题 装袋后要尽快灭菌，不要放置太长时间，否则培养料会在细菌的作用下酸败发臭，有一股很难闻的味道，pH 也很快下降，不适宜菌丝的生长。灭菌时要保证温度达到要求和维持足够的时间，高压灭菌要注意排净锅内的冷气，否则压力虽然达到了 0.1～0.15 兆帕的范围，但由于锅内冷气的影响温度却达不到要求。采用常压灭菌时，灭菌灶内的温度要在达到100℃以后开始计时，并维持 8 小时以上，停火后不要立即取出菌袋，应再闷上 3～4 小时。此外，需注意在装锅时，菌袋不要装的太实，锅内不要装的太满，要留有一定的空间，使蒸汽能够流通，保证菌袋均匀受热，灭菌的效果才会更好。

　　栽培种培养基灭菌是否彻底，可按原种无菌检验的方法进行检验。

　　(3) 菌种问题　在接种时，首先要对原种进行仔细地检查，发现污染的坚决不用。但是，有时在打开瓶盖后，仍然会发现原种瓶的表层或者是里边仍有污染点，这样的菌种即使只有很小的一个霉点，也最好暂不使用。应赶快把瓶盖再盖上，不要去拨动污染点，否则会把杂菌孢子黏在接种工具上，或是散布在空气中，污染接种环境。在把所有的原种用完后，如果还有部分栽培种袋没有接上菌种，而且又没有其他原种可用时，可把污染的菌种拿到室外，先用石灰泥把霉点盖住，然后扩大范围、深挖下去一下把石灰泥和霉点掏出，再把 0.5～1 厘米的表层菌种刮掉，同时换上无菌的瓶盖拿回室内，再继续按无菌操作的要求进行接种。

　　(4) 接种问题　在栽培种袋上，如发现不同部位有杂菌斑点时是灭菌不彻底的问题。但是，如果污染仅发生在袋口或接种块的附近，就是接种的问题，可能是操作不当或接种间消毒不彻底，在接种的同时杂菌也进入袋内。注意事项：除了接种间要彻底消毒、两个人接种要配合熟练快捷外，还应在接种过程中不要随便出入，也不要有不需要的人员在室内来回走动，不要抽烟，门窗要关好等。

（5）菌袋问题　菌袋上有裂口或者有不易察觉的针眼大的破洞，有的属于质量问题，有的是人为所致。菌袋有聚丙烯和聚乙烯两种，聚丙烯的硬度和抗拉力都较好，但是在低温下较脆易破裂，有时在折缝上易出现裂口或是针眼。聚乙烯比聚丙烯的硬度和抗拉力都较差，但是不怕低温，除了易在折缝上出现裂口或是针眼外，在装袋中由于用力不均，使菌袋的局部变薄，甚至出现裂口；或者是材料中有碎砖块、玻璃碴等硬杂物等，易刺破菌袋产生针眼。在装锅、出锅的搬运中，如搬运工具破损不平整，极易划伤菌袋；搬袋时手指甲太长也易扎破菌袋；摆放菌袋时，地面不干净，有易刺破菌袋的石块等。此外，虫害和鼠害也是菌袋破损的一个重要原因。

菌袋上的裂口易造成污染，裂口较小时，可用胶带黏住；裂口较大时，要再套上一个袋。

（6）培养问题　蘑菇为中低温菌类，一般菌丝生长的最高温度不能超过28℃，温度太高将抑制菌丝的生长，同时也易引起菌种的污染。因此，在栽培种的培养过程中，除了正常的翻垛和倒袋外，应经常检查菌袋的温度，检查的方法是在垛的上层温度最高的上下菌袋间夹放一支温度计，如温度升高接近28℃时，就要及时翻垛。特别是遇到突发的高温高湿天气时，更要加大培养室的通风换气，最好把菌种袋单层摆放在地面上，加大菌袋的散热面，降低袋内温度。

5. 栽培种质量检查与鉴定

（1）质量检查　在栽培种培养过程中，要定时检查菌丝的生长情况，首先要看菌丝是否萌发，在23～25℃条件下，一般在第三天菌丝就会萌发，第四天就可看见萌发出的白色菌丝，如果看不到菌丝萌发，可能是漏接了菌种，要及时补接菌种。第二要看菌丝是否"吃料"，菌丝萌发后应首先在袋口向四周扩展，接着向袋内生长，如果菌丝不"吃料"，也没有污染，仅在菌块上形成絮装的菌丝团时，说明培养基 pH 太高或含水量太大；如果菌丝萌发后又出现"退菌"现象，即菌丝不仅不向四周扩展，就连菌块上的菌丝也越来越少，而菌块周围又没有污染时，说明培养基 pH 太低或者是透气性差造成的。第三要看袋内是否有杂菌污染，如果在菌袋壁上、袋口或菌种旁出现绿色、黑色、黄色或其他不正常色泽的斑点，说明培养料已受到污染，应及时拣出，在室外把斑点挖掉埋入土中，剩下的部分倒出晒干备用。

（2）质量鉴定 栽培种的质量指标除了主要从菌种纯度、菌丝长势鉴定外，还须结合是否有虫害及菌袋的破损情况进行综合评价。

①纯度：主要看是否污染及污染的程度。若菌袋全部或大部分污染时，肯定不能用，要及时搬到室外深埋处理。若菌袋一头污染，而另一头菌丝很好时，则可把污染的切掉，留下好的还能用。

②长势：主要看菌丝的生长速度和粗细，凡是菌丝生长均匀、粗壮的为好的菌种，菌丝生长慢且稀疏的为差的菌种。

③虫害：有些害虫可以咬破菌袋，或者是菌袋破裂时进入袋内，在培养料上产卵繁殖，如线虫、菇蚊、菇蝇类的幼虫等咬食菌丝，使菌丝越来越少，即出现所谓的"退菌"现象。线虫在一年四季都可发生，菇蚊、菇蝇则在夏秋季节发生，初发时主要在废菌袋或其他腐烂变质的材料上发生，故又称"腐烂虫"，其特点是繁殖快、繁殖量大，在短时间内大量发生，以后转向好的菌袋，其幼虫尤其喜食菌丝，对生产危害很大。因此，发现虫害时应立即采取措施，把受到虫害的菌袋搬出培养室，同时对附近的虫源进行灭杀，培养室内虫害不重时可采用灯光诱杀。

④菌袋破损：菌袋虽然有破损，如老鼠咬破了菌袋，但袋内既没有污染、菌丝生长也很健壮。有时是在袋内菌丝快要长满或已经长满后，菌袋出现了破损。这种情况，只要在发现菌袋破损后能够及时地用胶带或石灰泥糊住，不会影响菌种的质量。但是，如果菌袋破损了较长时间，菌丝一直暴露在空气中，那么菌

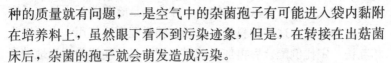

种的质量就有问题，一是空气中的杂菌孢子有可能进入袋内黏附在培养料上，虽然眼下看不到污染迹象，但是，在转接在出菇菌床后，杂菌的孢子就会萌发造成污染。

6. 栽培种储藏与使用　栽培种菌丝长满袋后暂不使用时，可进行短期保藏。保藏前先把口圈取掉，再把塑膜扎紧。这样可减少菌袋内外气体交换，防止培养料水分蒸发，降低菌丝有氧呼吸，减缓菌丝的衰老。放在黑暗和温度较低的地下室、菜窖等，可保藏 15 天左右。

使用栽培种转接菇床栽培料时，要先用干净的抹布或者是 1‰克霉灵水剂，把菌袋上沾有的泥土或杂质擦洗干净，打开袋口后，再用接种铲把上部表层较干的菌丝刮掉，取用下边的菌种进行转接。如果打开纸盖后，发现菌种表层有污染时，先用石灰泥把霉点全部盖住，然后用刀把它切下去，切时可靠后多切一点，留下好的使用。

第三节　出菇栽培技术

一、栽培材料选择

按照农业部《无公害食品　食用菌栽培基质安全技术要求》（NY 5099—2002），蘑菇栽培材料，包括主料、辅料、拌料与出菇喷洒用水、覆土材料等，必须符合其安全技术要求，坚决不用有害物质残留超标和发霉变质的材料。

（一）主料的选择

所谓主料是指用来栽培蘑菇的主要材料，一般占到其培养基配方的 85％左右。蘑菇属于草腐菌类，可以利用的材料很多，如棉籽壳、稻草、麦秸、玉米秆、豆秸等，这些材料中所含成分以纤维素、半纤维素等碳源营养较多，而氮源营养较少，所以必须配合加入一些富含氮源的辅料，才能满足蘑菇菌丝生长和子实体发育的需要。这些材料可以单独与辅料配合后使用，也可以先相互按一定比例配合后再加入辅料使用，具体使用要视当地的资源状况来决定。

（二）辅料的选择

所谓辅料是指在培养基配方中所占比例较少，但又不可或缺的一类含氮量高、营养成分较全面的材料，一般占到培养基配方的 15％左右。蘑菇培养基中所用的辅料主要有以下两类：

一是有机碳、氮源辅料，如麦麸、豆饼等，主要是辅助补充培养基中的主料所缺少的可溶性糖类和有机态氮。通过加入麦麸和豆饼后，可以有效地改善培养基的碳氮比（C/N）结构。一般麦麸中含有可溶性糖类 60％～70％，粗蛋白含量在 10％以上；豆饼中含可溶性糖类 50％～60％，粗蛋白含量在 20％左右；并且这两种物质的碳、氮源都非常有利于蘑菇菌丝的迅速吸收和转化利用，对于促进蘑菇菌丝的生长和提高子实体产量具有切实的作用。

在培养基中为了增加含氮量，需要添加 0.3％～0.5％的尿素，尿素是一种高浓度氮肥，含氮（N）量 46％，是固体氮肥中含氮量最高的。尿素属于有机态氮肥，加入培养料后在发酵微生物脲酶的作用下，水解成碳酸铵或碳酸氢铵后，才能被菌丝吸收利用。因此，尿素要在栽培料发酵前加入。

二是无机类物质，如磷肥、石灰、石膏等，主要是辅助补充培养基中某些必需元素的不足，同时起到调整和稳定培养基酸碱度（pH）的作用。

磷肥在培养基中的添加量一般为 1％～2％，其主要成分为过磷酸钙，在水溶液中呈酸性，可供给蘑菇菌丝生长需要的磷元素和钙元素，同时可降低培养基的碱性。

石灰的主要成分为氧化钙，它在水溶液中生成氢氧化钙，呈强碱性，可有效地改变培养基的酸碱度，防止培养基的酸败。在培养基中的添加量一般为 $1\% \sim 2\%$，但在夏季高温栽培季节，添加量会增加到 $3\% \sim 4\%$ 或更多。这是由于在高温下的发酵作用，使培养料中会产生过多的有机酸，因而必须加大石灰的用量来中和有机酸。此外，采用石灰水浸泡秸秆类材料，还可起到软化秸秆和杀灭部分病菌的作用。

石膏的主要成分为硫酸钙，在培养基中的添加量一般为 $1\% \sim 2\%$，具有供给蘑菇菌丝生长需要的硫元素和钙元素，以及调整和稳定培养基酸碱度的作用。购买时需注意石膏应为粉状，它具有一旦遇水就会马上结成硬块的特性，结块后的石膏不能使用，因此，石膏购买后要妥善保管，防止雨淋或浸水。在使用时，要把它先与干料拌匀后再加水，不可在培养料加水拌好后才加入石膏，否则石膏易结块，不易在培养料中拌匀。

（三）培养基实用配方选例

按照蘑菇无公害栽培基质的选择要求，我们选出了目前在国内蘑菇生产中使用的 7 个配方，这些配方在生产实践中经过了检验，证明是较好的实用配方，各地菇农可根据当地实际情况参考选用。

1. 玉米秆鸡粪培养基 玉米秆 75%，干鸡粪 15%，棉籽饼 5%，尿素 0.4%，磷肥 1.6%，石灰 3%。

玉米秆切成 30 厘米长的小段，用 2% 的石灰水浸湿，拌匀发酵 2 天，堆温达到 $60℃$，使玉米秆软化，然后将浸过水的料按宽 2 米、高 2 米、长度不限建堆。先铺 20 厘米厚玉米秆，再撒 $3 \sim 5$ 厘米厚鸡粪，浇一次水，然后再铺一层玉米秆，撒一次鸡粪，浇一次水，注意粪要撒均匀，水要浇足。建好堆后，盖塑料膜保温保湿，塑料膜不要盖严，以免形成厌氧发酵。25 天后当玉米秸秆由白色或浅黄色变成咖啡色，原料疏松柔软，拌有香味时即可上床进行二次发酵。

2. 稻草牛粪培养基　稻草 50%，干牛粪 47%，过磷酸钙 0.6%，石膏粉 2%，尿素 0.4%。

先把干牛粪粉碎过筛，加湿预堆 1 天，再一层稻草一层粪堆料，堆宽 2 米、高 2 米、长不限。从第二层开始，每铺一层稻草浇一次水。堆好后上面用塑料薄膜覆盖。以后进行 5 次翻堆，间隔天数依次为 7 天、6 天、5 天、4 天、3 天。第一次翻堆时，均匀加入全部尿素，适当喷水，以手握料时指缝间有 6～7 滴水下滴为宜。第二次翻堆时均匀加入全部石膏粉和过磷酸钙，干的地方和四周料浇少量水。第三、第四次翻堆一般不加水，如果堆中出现环状青褐色料，说明通气不良，可以用木棍在堆上戳洞，改善通气条件。最后一次翻堆，要求手握料指缝间有 1～2 滴水下滴，料松软，呈棕褐色。

3. 麦秸马粪培养基　麦秸 51%，马粪 39%，饼肥 5%，石膏粉 2%，尿素 1%，过磷酸钙 1%，磷酸钙 1%。

堆制时，先将麦秸用水浸湿，以吸足水又不流出为限，饼肥敲碎过筛加水浸湿，然后铺一层麦秸，撒一层饼肥，堆底宽 2 米左右，长度不限，最底层麦秸厚 25 厘米，上面每层料厚 20～25 厘米，粪肥按比例撒匀，堆高 1.8 米左右，层层踏实，以利升温。3～4 天后，翻堆，充分抖松拌匀，以后每间隔 3～4 天翻堆一次，再发酵 15～20 天，堆制发酵结束，培养料呈棕褐色，松软有弹性，不黏不臭，含水量 65%～70%。

4. 麦秸鸡粪棉籽壳培养基　麦秸 50%，鸡粪 30%，棉籽壳 14.7%，石膏 2%，石灰 2%，磷肥 1%，尿素 0.3%。

先将麦秸、鸡粪预湿 1 天，底层铺 2 米宽、25 厘米厚、长度不限的稻草；再铺 4～5 厘米厚的牛粪；如此反复，最后堆成高约 1.5 米的发酵堆。边建堆边浇水，下层不浇水，中层少加水，上层多浇水，直到有水溢出。尿素应在建堆时用完，使用过迟易使堆肥氨臭味过浓，影响菌丝生长；石膏应在第二次翻堆时加入；石灰在第三次翻堆时加入，调节 pH，以后不加任何物质；建堆后用草席覆盖，下雨前用塑料薄膜覆盖，防止雨淋。翻堆间隔时间为建堆后 4 天、4 天、4 天、3 天、3 天，一般共翻5～6 次。翻料时上下翻动，内外翻动，抖松，将上面的料翻到下面，下面翻到上面，里面翻到外面，外面翻到里面。水分调节要"一湿二润三看"，即建堆和第一次翻堆时水分要足，第二次要适度加水，第三次开始要依据情况而定，料的湿度要控制在70% 左右。

5. 大麦秸干牛粪培养基 大麦秸 54.5%，干牛粪 35%（或用其他畜粪代替），油渣 5%，过磷酸钙 1%，石膏粉 2%，石灰2%，尿素 0.5%，水适量。

将干牛粪过筛，把麦秸碾碎，然后浇水浸透，含水 70% 左右，建堆时先把大麦秸铺 30 厘米厚、2 米宽、长度不限，在上面撒一层调湿的牛粪，厚约 5 厘米，这样一层层堆起来，最上层用粪盖顶，堆高 1.8 米左右，堆好后，上面用草帘覆盖，预防日晒雨淋。堆积发酵需要 25 天，其间翻堆 4～5 次，第一次翻堆为7 天，将石灰、石膏粉、油渣加入里面；第二次为 6 天，同时加入尿素、过磷酸钙；第三次是 5 天，第四次是 4 天，第五次是 3天。每次都应把握水分，用手拧秸秆滴出两三滴水为准。

6. 羊粪玉米秆玉米芯培养基 羊粪 50%，玉米秆 30%，玉米芯 15%，复合肥（含氮 12%）1%，过磷酸钙 1%，石膏 2%，石灰 1%。

建堆前先将羊粪晒干并粉碎成粉末状，新鲜无霉变的玉米芯粉碎成黄豆至蚕豆大小的颗粒，玉米秆铡成 5～10 厘米的小段，并碾压使其碎裂；东西走向建堆，料堆底宽 2 米、高 1.5 米、上宽 1.2～1.5 米，长度依场地而定。堆料时第一层铺玉米秆、玉米芯厚 30 厘米，上面撒粪一层，厚度 15 厘米，粪上洒水浇透，就这样重复铺料，直至堆高达到 1.5 米，堆建好后用草帘等物覆盖料堆保持湿度。建堆 4 天后，料温可达 65℃，再维持 2 天后，翻堆一次，翻堆时把复合肥全部拌入料中，同时均匀洒水，把含水量调节至 70%。翻堆结束后把料堆重新建好。当料内温度再次升到 60～70℃后，维持 3 天，进行第二次翻堆，并加入过磷酸钙和石膏，并根据料内水分多少适当补水，使含水量维持在 60%～65%。当料温再达 60～70℃后，维持 2 天，进行第三次翻堆，同时加入石灰，经过 5～6 次 25 天左右的翻堆发酵，原料均匀地变成咖啡色或深褐色，内有少量雪片样放线菌；无霉味、无氨味、无粪臭味；原料不黏手、不扎手；含水量 60%，即用手用力捏料指缝间有水溢出但悬而不掉为止。

7. 废棉玉米芯培养基 废棉 45%，玉米芯 50%，尿素 0.3%，石膏 1%，磷肥 1%，石灰 2.7%，pH 7.5～8，料水比 1：1.6。

此方的优点是可以利用棉花加工厂或纺织厂的废棉，成本低，与玉米芯配合可增加其通气性，缺点是拌料很费工，废棉絮常常需要用手工撕成碎片，才能在反复的拌料中逐渐与玉米芯拌匀。

上述配方的几点补充说明：石灰一般是配制成石灰水后滤掉废渣，分几次加入，用来不断地补充水分和调整 pH。由于石灰质量的高低，如废渣较多或者是保存不当、放置太久等，以及培养基发酵时酸碱性的差异，因此，在实际操作中，石灰的用量也不同。pH 要求在进菇房前为 7.5～8。料水比主要指拌料时的加水量，由于材料不同料水比稍有差异，但装袋前培养基的含水量均应调整在 65%左右。

二、栽培料配制与发酵

（一）栽培料配制

以下列配方为例介绍栽培料的配制方法：玉米秆 49.8%，牛粪 40%，鸡粪 5%，尿素 0.2%，磷肥 1%，石膏 2%，石灰 2%。

　　根据菇床面积，首先估算出需要投入栽培料的数量。一般每平方米菇床可铺料 40 千克，以一个菇房的菇床面积 250 米² 测算，则总需料 1 万千克，那么按照配方各种材料的用量分别为：玉米秆 5 000 千克，牛粪 4 000 千克，鸡粪 500 千克，尿素 20 千克，磷肥 100 千克，石膏 200 千克，石灰 200 千克。按照配方需要量要求备好料，然后再按以下步骤进行：玉米秆切成约 25 厘米长的小段，摊于地面，用 2% 石灰水浸湿，以湿透为度，含水量 60% 左右，然后堆起先发酵 2～3 天，堆温达到 60℃，促使玉米秆软化。牛粪粉碎，加湿预堆 2 天，湿度掌握在手抓能捏成团、松手散得开为度，含水量 50%～55%。玉米秆和牛粪经过预处理后，即可建堆进行第一次发酵。按料宽 2 米、高 2 米、长度不限建堆。先铺 15 厘米厚玉米秆，再铺 10 厘米牛粪，撒 3 厘米厚鸡粪，浇一次水，然后再铺一层玉米秆，铺一层牛粪，撒一次鸡粪，浇一次水，注意粪要撒均匀，水要浇足依此顺序往上堆叠，直到料堆高达 1.7～1.8 米为止，最上面盖一层粪，尿素一般在堆料中间 3～6 层时加入，上下两头不加，以利充分发酵和吸收。注意堆型四周垂直、整齐，以利于保持堆内温度，促进好热性微生物的繁殖。堆料顶部做成弧形，建好堆后，堆顶覆盖草帘，防日晒。下雨时盖薄膜，防雨水淋入料内，雨后及时揭膜，以利通气，避免形成厌氧发酵。

（二）发酵方法

　　蘑菇栽培料的发酵分为前发酵和后发酵两个阶段，即二次发酵法。

　　前发酵在菇房外堆料场地进行，前发酵过程中需进行 4 次翻堆：第一次翻堆在建堆后第七天，翻堆时加入磷肥。翻堆结束后，在四周撒上石灰粉。第二次翻堆在第一次翻堆后 6 天，翻堆时加入石膏粉，并适当补充水分，如遇雨天应及时盖好薄膜，雨停后马上掀开。第三次翻堆在第二次翻堆后 5 天。第四次翻堆在第三次翻堆后 4 天，第四次翻堆时调节 pH 为 7.5～8.0。第四次翻堆后 2～3 天，玉米秸秆由白色或浅黄色变成咖啡色，原料疏松柔软，有酵香味时前发酵结束。

后发酵在菇房内床架上进行，在前发酵结束的前 2 天，应先将菇房、菇床进行一次彻底消毒，交替或综合使用下面几种药剂消毒方法效果较好。

1. 克霉灵　用于菇房内墙壁、门窗及床架，每 50 克对水 10～15 千克，喷雾器均匀喷洒。

2. 金星消毒液　用于菇房墙壁、门窗及床架，稀释 50 倍后喷洒或者加热熏蒸。

3. 过氧乙酸　用于菇房墙壁、门窗及床架，用 0.2% 溶液喷洒消毒。

4. 漂白粉　主要用于菇床的清洗，用 0.1% 溶液浸洗。

注意用药后密闭菇棚 1～2 天，消毒效果更好。

菇房消毒后当前发酵料温还在时，趁热把料运进菇房，在菇床架上分层堆放，堆高 50～55 厘米，覆盖薄膜，关闭门窗和通风口，然后在菇房外通过锅炉加热，或土制的废弃汽油桶改装锅炉，放在一个砖砌的煤炉式柴灶上，装水 70%～80% 满，加热产生蒸汽，通过用塑料筒做成的送气管送往菇房，菇房内塑料管道每 20～30 厘米有一出气孔，管要延伸到菇房的通道。在后发酵期间不要随意开门入室，防止被蒸汽烫伤等意外事故发生。

通入热蒸汽使菇房温度升高到 50℃ 以上，当料温上升到 60℃ 以上，气温稳定在 55℃ 左右，保持 8～10 小时，让嗜热微生物生长，将病菌、杂菌、害虫杀死。然后降温至 50℃ 左右，维持 4～5 天，使有益的中温型嗜热微生物，主要是放线菌大量繁殖生长。随后撤膜降温，当降到 40℃ 左右，将料摊放于菇床、整平，打开门窗通风降温，排出废气。发酵好的培养料质地柔软有弹性，草形完整，一拉即断，棕褐色至暗褐色，料表面有一层白色放线菌，料内可见灰白色嗜热性微生物菌落，无病虫杂菌，无酸臭味，无氨味，含水量 65% 左右，手握料有 2～3 滴水，pH 为 7.0～8。

栽培料通过后发酵，高温性放线菌等有益微生物形成大量菌体蛋白及各种维生素和氨基酸，供蘑菇菌丝吸收利用。在发酵高温条件下消除了栽培料内的游离氨，播种后避免了氨对菌丝的抑制作用，有利于菌丝萌发和生长。同时，在发酵高温条件下能杀灭残存在栽培料内的有害病菌、虫卵和幼虫，减少病虫为害。

（三）发酵需注意的关键问题

栽培料发酵是蘑菇栽培中最关键的技术环节，培养料发酵质量的好坏，直接影响蘑菇的生产，必须认真掌握，深刻领会，千万不能轻视，很多地方的菇农就是由于对培养料的发酵技术掌握不到位，结果造成产量与质量下降，甚至导致栽培失败。

蘑菇的人工栽培是在纯培养条件下进行的，只有保证在培养基内没有其他杂菌的情况下，蘑菇菌丝体才能顺利生长。在自然状态下，栽培原材料内特别是主料中存在着大量的杂菌或杂菌的休眠孢子，一般情况下，杂菌都不耐高温，在 60～70℃ 即可把它杀死。但杂菌的休眠孢子能耐很高的温度，有的甚至在 120℃ 高温下也很难把它完全杀死。尤其是有些杂菌或杂菌孢子藏在原材料的内部，如棉籽的皮壳内，玉米芯颗粒内，秸秆里边等，就更不易把它一下杀死。因此，如何灭杀培养料内的杂菌，是蘑菇栽培成功的关键。

通过对培养料的二次发酵，除了直接杀死部分杂菌外，更主要的是促使培养料内的杂菌孢子萌发，杂菌孢子萌发后不耐高温，通过高温发酵就可以有效地将其杀灭，降低杂菌污染率，保证菌丝的正常生长。但是，二次发酵的栽培料腐熟程度也不宜太大，如果栽培料发酵成了"腐烂"状态，反而不利于菌丝的生长，并使产量大幅减产。在培养料的堆制发酵过程中，发酵温度、翻堆次数、堆制天数、含水量、酸碱度等都很关键，应严格掌握，按规程去做。

1. 发酵温度 发酵时料温上升的快慢与环境温度呈显著的正相关，环境温度越高，料温上升的越快，所以在夏季高温天气下发酵，一般不会有什么问题。反之，环境温度越低，料温上升的越慢。因此，为了避免在秋冬季节出现气温低料温上升慢的问题，应选择在背风向阳的地面上建堆发酵，尤其在冬季的白天，向阳面和背阴面的温差很大，可达 10℃以上，料堆在白天用塑膜覆盖，有利于吸收太阳能使料温升高。晚上再用棉帘等覆盖，可以保持料堆的温度不会下降。此外，在低温下料温上升慢与培养料的含水量太大也有一定的关系，如果含水量太大，培养料的通气性就会变差，造成嫌气性发酵，而好气性微生物的呼吸作用则受到抑制，所以料温上升慢，尤其冬季含水量更需要注意，发酵料以稍干一点为宜，发酵结束后，再根据培养料的实际含水情况补足水分即可。

培养料发酵的好坏，料温上升的快慢与高低是一个重要的指标。在培养料发酵过程中，可能会出现以下几种情况：

一是料温上升很快，并能达到 60℃以上，说明培养料的发酵正常，属于好的状况表现，发酵没有什么问题。

二是料温虽然上升很快，但未能达到 60℃，说明培养料的发酵有点问题，可能与培养料的水分太干或太湿，以及通气条件差有关。

三是料温上升较慢，但能达到 60℃以上，说明培养料的发酵稍差，可能与环境气温较低有关。

四是料温不仅上升很慢，而且也未能达到 60℃，说明培养料的发酵不正常，其问题可能与通气条件差以及环境气温较低有关。

2. 翻堆次数 为了使培养料发酵均匀，在发酵过程中至少要翻堆 3～4 次，翻堆的指标是当料堆的中间层温度达到 60℃以上后即可进行。如果把料堆以横切面刨开，可以看到料堆基本上分为 3 层，即底层、中间层和表层。中间层的温度最高，表层次之，底层的温度最低。中间层的培养料呈灰白色，培养料上布满了灰色的丝状物，并散发出一些酵香味，这是在高温放线菌的作用下产生的现象，属于好的表现。

翻堆时要注意以下几点：

培养料含水量和 pH 的测定与调整。含水量的标准是在65％左右，即用手紧握培养料在指缝间有水纹出现或有水滴下。pH 的标准是在 7～8，可用比色试纸直接测定。培养料发酵过程中，由于水分的流失和蒸发以及发酵产生的有机酸作用，含水量与 pH 都会降低。如果含水量太低，一些玉米秆或牛粪还是干的，那么存在其上的杂菌孢子就不会萌发。如果 pH 太低，在酸性条件下发酵会使培养料发臭、变黏。因此，在翻料前应先向料堆上洒些石灰水，翻料中再边翻料边洒些石灰水，既补充水分也调整 pH。第一次翻堆的方法是，先把料堆表层扒下来放在一边，等把中间层即灰白色层扒下来铺在新建料堆的底部后，再把表层料铺在它的上边，最后把剩下的底层料翻上去，把上中下 3层进行交换。建堆后用铁锹把向下捅几个圆洞，覆盖草帘继续发酵。当料堆的中间层温度再次达到 60℃以上后进行第二次翻堆，这次翻堆与第一次不同，要把各层料上下充分混匀，连翻两遍，然后调整含水量和 pH 至适宜的程度，继续堆置，进行第三次翻堆。第三次翻堆后，根据栽培料的发酵情况，再决定是否继续发酵进行第四次翻堆。

蘑菇栽培料以半腐熟为宜，发酵料中不可混杂有大量的未经发酵的生料，但也不可发酵过度，正确掌握栽培料腐熟度要注意以下两点：一是玉米秸秆的色泽由黄色变成褐色，但不是黑色，有发酵香味、无酸臭味。二是玉米秸秆是否疏松柔软，用手轻拉时有一点抗拉力，不是一拉即断。手握发酵料，能握成团，松手后能自然松散。

3. 发酵天数　由于料温上升的快慢及高低不同，不同季节的发酵天数也不同，夏季15天左右，春、秋季为20～25天，冬季为25～30天。通过发酵促使材料中存在的杂菌孢子萌发，又不能使材料过分腐熟，否则将消耗培养料中的大量养分，使产量大幅降低。因此，发酵时间不能过长，堆料7天后不论料温高低，都要进行翻堆。翻堆时找出料温低的原因，再堆制6天后进行第二次翻堆，同时调整含水量和pH至适宜的程度，继续堆置1～2次，翻堆后达到发酵标准为止。

三、播种与覆土

（一）播种

发酵结束后将栽培料平摊在床架上，料温降至25℃时播种。播种前要选择菌龄适当，菌丝活力强的栽培种，检查一下菌瓶（袋）是否有杂菌感染，菌丝粗壮，没有脱水的为优质菌种。接种前盛菌种的容器、接种工具、操作者双手等都必须用75%医用酒精或金星消毒液消毒。

播种量为每平方米1～1.5瓶（罐头瓶），袋装菌种与瓶装菌种折算一下，按比例使用就行。加大播种量可以加快菌丝布满料面，抑制杂菌生长，减少污染，提高产量。因此，有条件时要尽可能多制栽培种，保证床面播种时菌种有富余，满足播种需要。接种时要注意，打开瓶盖后用接种镊子或接种铲把菌种成粒状掏出或轻柔地搓成粒状，不要把菌种揉得太碎，但也不要菌块太大。如果是麦粒种或高粱种，菌块大小就如麦粒或高粱大小就行，如果是棉籽壳种、粪草种或其他种，菌块大小与玉米颗粒大小差不多就行。

一切播种工作准备好后，可按下列几种不同的播种方法进行。

1. 条播 把培养料每隔8厘米挖深3厘米的小沟，将菌种撒入小沟后合拢，部分菌种露在料外，整平料面即成。

2. 散播　谷粒菌种多采用撒播法。先将菌种量的 1/2 均匀撒播在栽培料面上，然后用中指插入料中稍加振动，用手抓松，使菌种均匀落入料内 3～5 厘米处，再把余下的菌种均匀撒在料面上，再用木板拍平。

3. 穴播　一般用于草料种，穴距 7～8 厘米，深 4～5 厘米，梅花式点播，随挖穴，随点种，菌块可稍露出培养料，以利透气，并把培养料压平即可。

4. 层播　分 3 层撒播，第一层培养料摊均匀后，上面撒菌种一层；接着再铺第二层料，撒第二层菌种，照此铺第三层料，撒第三层菌种。第一、第二层菌种用量分别为菌种总量的 30％，剩余 40％ 撒在最上面，菌种上再撒少许培养料，让菌种微露，上盖地膜，地膜上间隔 4～6 厘米打一小孔，以利透气。

5. 混播十表播　工厂化栽培多采用此法，先把总量的 3/4 均匀撒到料上，用手或工具把菌种和培养料混匀，然后用木板将料面整平，轻轻拍压，使料松紧适宜，然后把剩余的 1/4 菌种撒到床料表面，并用手或耙子扒几下，使菌种稍漏进表层，或在菌种层上再薄薄地盖一层料并压实，使菌种处于干湿适宜的状态，以利菌丝萌发后很快"吃料"。

上述几种不同播种方法播种结束后要把料面整成略带弧形，增大出菇面积。

（二）发菌

播种后前 3 天以保湿为主，关闭门窗和通风口，用塑料膜覆盖料面保温保湿，促进菌丝萌发，注意每天掀膜增氧促进菌丝生长，视天气情况稍作通风，以促进菌丝萌发"吃料"，遇到 30℃ 以上的高温天气时，应及时通风降温，夜间将通风口全部打开通风，适当延长通风时间，防止菌丝在闷热天气环境下不萌发。正常情况下，播种后第二天菌丝开始萌发，第三天菌种萌发出绒毛状菌丝，第四天菌丝长入培养料开始"吃料"，播后 4～5 天，检查发菌情况，如发现漏穴或菌种没萌发，应及时补种。4·天后随着菌丝生长，逐渐加大菇房通风量，促进菌丝尽快在培养料中定值。5 天后逐渐打开门窗，去掉塑料膜，根据吃料情况，加大通风供氧量，播种 7～10 天，菌丝基本布满料面，菇房通风口应经常打开，降低空气湿度，让料面稍干，促进菌丝向料内生长，缩短发菌期，减少病虫害的侵染。若料面偏干，可盖纸喷水保湿，保持菌丝的旺盛活力。

（三）覆土

覆土是双孢蘑菇栽培中十分重要的环节，覆土土质要求疏松柔软，吸水性强，持水力高，有一定肥力，不带病虫污染源，pH 7 左右。每 100 米^2 需要团粒结构、孔隙多、持水强、吸水快的土 4 米^3。

1. 覆土选择与处理 因地制宜选择覆土材料，一般常用的覆土材料是把田园壤土进行配制后使用。

①壤土 4 米^3（100 米^2 用量），磷肥 15 千克，石膏 20 千克，发酵后干制的麦秸粉 100 千克，石灰 15 千克。

②壤土 4 米^3（100 米^2 用量），磷肥 15 千克，石膏 15 千克，麦糠 50 千克，石灰 15 千克，麦糠取干净无霉变，放入 pH10 的石灰水中浸泡 1 天，捞出晒干备用。

③田园土 2 米^3，过筛炉渣 2 米^3（100 米^2 用量），先将炉渣过筛，按田园土与炉渣 1∶1 的比例掺匀，进行消毒处理，覆膜曝晒，使土粒温度大于 50℃，3～4 天即可。然后加水调湿使含水量达到 22%，即湿而不泥，手捏成团，落地散开，加 15 千克石灰拌匀。

上述壤土在覆土前 15 天取耕作层 30 厘米以下土壤，打碎、晒干粉碎后过筛，覆土前 3 天，按配方把各种覆土材料堆放在水泥地上，充分拌匀，用 5% 石灰水预湿，堆成高 1 米、宽 1 米的长堆，用塑料薄膜覆盖 1 天后，调节 pH7.5～8.0。含水量达到手握成团，落地即散为宜。

2. 覆土方法 覆土分两次进行，先覆粗土，后覆细土。粗土占覆土量的 2/3，厚度 1.5～2 厘米，细土占覆土量的 1/3，覆土厚度 1.5 厘米。播种后 20 天左右，当 2/3 的培养料长满菌丝时第一次覆粗土，覆土前将菌床表面用手轻扒一下，使表层菌丝断裂，覆土后菌丝可在断裂处快速形成新的生长点，缩短菌丝爬土时间。覆土要均匀一致，覆粗土后把粗土喷湿，采用多次勤喷至含水量达 20％左右，覆土后 10 天左右在土缝间能看到菌丝，部分线状菌丝穿入粗土中长满土层时，覆第二次细土，要求厚度均匀一致，注意保持土壤水分。

图 2-7 为配制好的覆土。

图 2-7 菇房外堆放着配制的覆土

四、出菇管理

（一）出菇前的管理

覆土后到出菇前的管理非常重要，第二次覆细土后 5～8 天是子实体原基分化期，这个阶段菇房温度、湿度、通风要协调进行，把温度控制在 15～18℃，昼夜温差控制在 3～5℃，重浇出菇水，使覆土层含水量达到饱和，地面洒水，空中喷雾状水，保持空气相对湿度在 85%～90%。加强通风，保持菇房内空气新鲜。

覆土后出菇前关键措施是调水，调水分 3 次进行，采取两头轻、中间重的喷水法，避免喷急水，原则是少喷、勤喷、轻喷、循环喷，达到"调透土，不漏料"的效果，将土粒调至无白心，质地疏松，手能捏扁。菇房内空气湿度保持在 80%～85%，整个调水过程要视气温、风力、风向等情况配合通风进行，保持房内空气新鲜。调水结束后早晚各通风 1～2 小时，降低室内湿度，让土壤表层稍干于土层内部，抑制杂菌滋生。以后每日视土层干湿情况，适当少喷勤喷调节湿度。覆土后因调水易导致覆土层板结，可用铁丝耙将板结层耙开，松动菇床的覆土层，改善通气及水分状况，促使断裂的菌丝体遍布整个覆土层，当菌丝快要长上土层表面时要用小耙将表土层轻轻耙一次，让菌丝在土层中横向生长，不冒出土面，防止过早扭结出菇，造成出菇不齐，让菌丝扭结在粗土上、细土下形成出菇部位，保证出菇的质量。

（二）出菇后的管理

蘑菇出菇后的管理分为秋菇期和春菇期两个阶段。秋菇生长期间，由于培养料营养丰富，气温适宜，蘑菇生长速度快，出菇密度大，潮次周期短，产量集中。若此时气温正常，从采菇到结束，一般可采 3～5 潮菇。第一潮至第三潮菇，约占双孢菇总产量的 70%，因此，秋菇管理是双孢菇生产中管理技术的重点。关键是要正确处理好温度、湿度、通风三者之间的关系，使之能够协调一致，充分满足子实体生长发育对各项环境条件的要求。既要多出菇，出好菇，又要保护好菌丝，为春菇生产打下基础。

1. 秋菇管理

（1）第一潮菇管理　蘑菇从播种、覆土到出第一潮菇，约需要 40 天的时间。蘑菇第一潮菇的产生比较集中，不同层菌床间出菇的先后时间相差不大，因此在菌床上会看见密密麻麻的菇蕾，一般第一潮菇的产量要占到其总产量的 30％左右，所以第一潮菇管理的好坏，对产量的高低起着重要的作用。在生产上，只要第一潮菇管理好了，就基本可以收回除固定资产之外的全部成本投资，可见第一潮菇在产量和效益上都是非常重要的。

第一潮菇产量的高低除了与出菇前的管理水平有关外，出菇后的管理也十分重要，主要应把握好以下几点。

①温度：蘑菇子实体在 8～25℃均可生长，但是在不同的温度条件下，生长的质量有很大的差别。温度从高到低且稳定在 20℃以下，适于双孢蘑菇子实体的生长发育。原基分化的适宜温度为 15～18℃，原基分化完成后，子实体开始生长发育时，适宜的生长温度也在 15～18℃。在蘑菇生长的适宜温度范围内，环境温度要宁低勿高，在 15℃以下，子实体生长虽然缓慢，但菌盖厚而实，菇形品质好；在 20℃以上，子实体生长速度明显加快，菌盖大而薄、易开伞，菇形品质下降。若床面温度连续几天高于 22℃，就会出现死菇现象，特别是刚出土的菇蕾更易发黄萎缩。如出现 20℃以上高温时，菇床停止喷水，多开门窗，加强通风；适当设置荫棚，并向菇房地面、墙面喷洒井水，尽量降低菇房温度。高温天气过后，马上清除床面，把死菇及发黄枯死的老菌块拣去并适当补土，平整床面。总之，根据子实体生长对温度的要求，在管理上应对温度变化采取及时合理的调控措施，使菇房温度既不要太低，也不要太高，尽可能地保持在适宜的温度范围。

②湿度：蘑菇子实体生长的适宜空气相对湿度要比原基分化时低一些，菇房内的相对空气湿度不低于 85％即可，关键是要通过喷水措施，保持菌床和菇体表面的湿润。在子实体生长过程中，喷水是一项重要的技术，喷水既不能太大，也不能太小。喷水太大易出现水渍菇、烂菇、死菇，喷水太小则易出现萎缩菇、干裂菇。总的来讲，喷水应掌握这样几个原则：

一是喷水工具必须用喷雾器，喷雾时要顺着走道边走边喷，喷头应与菇体保持一定的距离，并且喷头要在摇动中来回、上下喷雾，切忌用水管直接喷洒在菇体上。

二是原基初露、菇体幼小时严禁喷重水，手拿喷雾器顺着走道过一次即可。随着菌盖的逐渐长大，可适量地加大喷水量。

三是菇房内温度高、湿度低时，应增加喷水次数，但不宜喷重水。要"轻喷"、"多喷"，即每次"轻喷"一点，可以"多喷"几次，一般每天至少要喷3次，即上午、中午、下午各一次，晚上可根据情况补喷一些。

四是菇房内温度低、湿度大时要少喷或不喷。在低温下，由于水分蒸发慢，喷水后水分滞留在菇体上的时间长，易产生水渍菇，如果喷水量大时，还易产生烂菇或死菇。

五是晴天光照强时要多喷，阴天与下雨天时要少喷或不喷。大多数晴天情况下，空气的相对湿度都较低，因而菇体上的水分挥发也较快，所以需要多喷水，但也要掌握轻喷的原则，不要一次喷水太重。阴天或下雨天时空气的相对湿度大，菇体上的水分挥发自然较慢，因此基本上不需要喷水，如果菇体较干时，可适量地轻喷一次水。

六是遇到大风天气时需要多喷水，尤其在我国的西北和华北地区，大风天气条件下，空气的相对湿度较低，菇体的水分散发很快，因此根据菇体的水分情况，需要适量地多喷水。

③通风：蘑菇不仅在菌丝体生长阶段需要良好的通风条件，而且在子实体生长发育过程中也必须不断地满足氧气的供应。当通风不良时，子实体表面会变的黏重，易产生病害，使幼菇的菌盖发黏、发臭，导致幼菇死亡。若出现长柄小盖菇、稀菇、红菇、锈斑菇需及时通风。出现小菇、薄菇、开伞、空根白心，单菇轻时，应控风。

一般来讲，菇房内每天有2小时左右的通风时间，就能基本满足子实体生长发育的要求，并不要求全天候地通风。因此，通风的具体时间、通风次数和通风量，首先是要根据气候条件来确定，要根据外界的气候条件与菇房内的温度、湿度变化情况灵活掌握，并与喷水措施结合协调进行。

正常天气条件下（14～18℃），采用持续长期的通风方式。即在菇房中选定几个通气窗长期开启。无风或微风时可开对流窗，南北窗都开；风稍大时，只开背风窗，以免影响菇房湿度。

在白天气温高时（高于18℃）应选择在早晨和晚间通风。无风天气，南北窗全部打开；有风时只开背风窗。由于白天气温高、湿度小，如果选择在白天通风时干热空气会进入菇房，不仅不能降低菇房的温度，反而会降低菇房的湿度。当湿度降低后，又需要喷水来增加湿度，致使菇房内形成了高温高湿的环境，反而不利于子实体的生长。在菇房内温度高，湿度低的情况下，应先向菇房的墙壁、地面、菇体及空中进行大量的喷水，喷水后再开始通风，对降低温度有很好的作用，同时会带走大量喷水时积聚在菇体表面多余的水分。目前建造的温室菇房，都设置有通风口，因此可在通风口处加挂湿帘，或在通风口处多喷些水，使通风口处经常保持湿润的状态，对降温和保湿都有好处。

在早、晚气温低时（低于14℃）则改为中午通风，选择在白天中午通风。由于早、晚间的气温很低，如果选择在晚间通风时冷空气进入菇房，会使子实体发生冷害而死亡。白天经过上午太阳光照射，菇房温度上升，中午通风时内外温差不大，不会影响子实体的生长。在菇房内温度低，湿度大的情况下，应减小通风量和通风次数，同时喷水量也应减少。

④光照：在蘑菇子实体生长发育过程中，适宜的光照度对子实体具有良好的刺激作用，出菇期适宜光照度有100勒克斯就可以了，并不需要太多和太强的光照。在弱光下，如在可辨认书报字的光线下，菇体色泽较浅、呈乳白色、有光泽。在刺眼的直射光照下，光照时间越长或光照度越大，菇体色泽越深、表现为浅黄色，光泽度低。因此，从子实体的色泽表现来讲，光照太弱或

太强都不好，以保持较弱的自然散射光照最好。

⑤采收：在适宜的温度条件下，从原基出现到采收的时间为5天左右，温度越低，需要的时间越长，温度越高，需要的时间越短。一般在菌盖边缘稍内卷时即可采收，鲜销上市时，在菌幕不破裂、不开伞的情况下，大小均可采收；制罐及盐水菇，要求菌盖直径1.5～4.0厘米，菇形圆正，色泽洁白，无空根白心，无虫蛀、破损。采收前，床面不喷水，子实体生长快时，要求1天采收2～3次。采菇方法有旋转法和拔菇法两种，菇密时，采用旋菇法，即把菇轻轻旋转采下；菇稀时，采用拔菇法，即将菇直接拔起；当许多菇密集紧紧相邻时，用小刀小心切下达标子实体，采大留小，小心轻放，以免损伤菇体。如果是丛生菇，应整丛采下，用左手压住菇体底部的料面，右手托住菇体轻轻地上下或左右搬动，即可把整丛菇采下。如果是单生菇，可采大留小，采大菇时注意不要伤及小菇，特别是柄基部的菌丝体，否则易造成小菇的死亡。因为，当大菇和小菇的柄基部离得很近时，若不小心，就会在采大菇时把土带起，伤及小菇基部的菌丝体，菌丝体发生断裂，使培养料中的养分不能供给小菇，影响发育生长。

蘑菇采下后先去掉根部泥土，轻拿轻放，不要擦破表皮，减少销售过程中的破损，否则易导致蘑菇褐变，降低产品级别。如果采后当天未能销售出去，可以放在4℃条件下进行储存，延长销售时间，保鲜时间在3天左右。

（2）第二潮菇管理　第一潮菇采收完后，即进入第二潮菇的管理。由于第一潮菇已消耗了栽培料中许多养分和水分，所以第一潮菇采收完后，不会马上产生第二潮菇，菌丝体还需要一个休养生息和集聚养分的过程，这个过程需要10～15天。这段时间内，不能说菌丝体需要休养生息，我们就可以坐等出菇，为了使第二潮菇能够顺利产生，应采取以下几项措施。

①床面清理：首先要把采收完第一潮菇后，菌床表面残留的死菇等清理干净，不要让死菇烂在菌床上，否则会引起细菌或霉

菌的污染，以及虫害的发生。清理料面时，可用锯条或木片轻轻地挖掉死菇，把床面清理干净后补土。

②补土：采菇时尽量不要把菇根部的土带走，否则会在床面留下许多低凹不平的小坑，喷水时会造成小坑内水分太大或积水，有的地方还会使栽培料暴露在外面，影响下潮菇的产生。因此，床面清理干净后，要及时把小坑用土补平。补土时可用覆土时剩余下的土，调湿后把小坑补平就行，不能用干土。

（3）后期菇管理　第二潮菇结束后，即进入后期菇的管理。与第一、第二潮菇相比，后期菇的管理难度较大，其原因是在第一、第二潮菇的生长发育中，已消耗了培养料的大部分养分和水分，常会出现长脚、细柄、硬开伞、空心等畸形，影响蘑菇的产量和质量。所谓菌丝体的休养生息，实际上是菌丝体从培养料中吸收水分与碳氮营养、集聚能量的过程。因此，为了及时补充培养料中所缺养分和水分，在生产上一般是配制成营养液喷施在菌床上。营养液的配方如下。

配方一：葡萄糖 0.3 千克，磷酸二氢钾 0.3 千克，硫酸镁 0.1 千克，豆饼水 10 千克，水 100 千克，pH 7。

配方二：白糖 0.5 千克，磷酸二氢钾 0.3 千克，硫酸镁 0.1 千克，米糠水 10 千克，水 100 千克，pH 7。

配方三：白糖 0.5 千克，磷酸二氢钾 0.3 千克，硫酸镁 0.1 千克，煮菇水 10 千克，水 100 千克，pH 7。

配方四：白糖 0.5 千克，磷酸二氢钾 0.3 千克，硫酸镁 0.1 千克，培养料煮出水 10 千克，水 100 千克，pH 7。

上述配方中，葡萄糖（或白糖）、磷酸二氢钾和硫酸镁直接加入水中即可，其他豆饼水或米糠水要在开水中分别加入 2 千克后再煮 20 分钟，然后过滤掉残渣，把液体加入即可。煮菇水就是把清理袋面时收集到的废弃菇，加工过程中切下的菇根等，在开水中煮 20 分钟，然后过滤出液体加入即可。培养料煮出水就是将每次上料时没有用完或预留的培养料晒干保存，使用时将其搓碎，在锅内煮 20 分钟，过滤冷却后使用。由于腐熟的培养料中含有丰富的碳素和氮素及较全面的矿物质元素，能满足双孢菇生长对各种营养成分的要求，经常使用，能延长出菇高峰期，使子实体肥厚、白嫩，这是一种既经济又安全的追肥方法。

按配方配制好营养液后，充分地搅拌均匀，不要产生沉淀，用注水器把营养液注入培养料中，注意一定要把注水器插入料内效果才最好，这样菌丝可直接吸收到水分和养分。如果营养液都喷覆土层，由于土层的阻隔作用，一是菌丝的吸收较慢，二是吸收不均匀，效果较差。在注射中，由于水压的作用，液体进入培养料的速度很快，而菌丝不会马上就把液体全部吸收，部分液体会从培养料中泛出流失，因此，营养液不宜一次使用太多，否则，若菌丝不能全部吸收时，会造成营养液的浪费或造成营养液积聚处培养料的腐烂。

补充营养液要注意各种营养液交替使用，随配随用，不可久置，补液后加强通风，不能因追肥而使菌床培养料过湿。

2. 越冬管理 在北方地区秋菇结束后，随着气温不断下降，蘑菇基本停止生长，进入半冬眠状态，蘑菇对水分和氧气的需要相对减少。越冬期一般从冬至以后到翌年惊蛰，这段时期时间长、气温低，菌丝处于极缓慢或停止生长阶段。在越冬前，应先清理菇床，把残菇、老根、死菇等清理干净，补上新土。土面较硬、通气性差的，应破除板结，增加通气透水性。要加强菇房的保温，防止寒流袭击，菇房外边用秸秆或草帘围盖菇房，并用铁丝或绳索揽紧，防止大风危害，同时要防火。

为使菌丝良好过冬，根据菌床栽培料的干湿程度，通常采用干越冬和湿越冬两种管理方法。

（1）干越冬 是指在整个越冬期菇房内喷水量逐渐减少，控制水分让覆土层水分含量逐渐下降，使菇床表面通风干燥，覆土层下边栽培料保持湿润，让培养料中菌丝能呼吸到新鲜空气，菌丝不干瘪，尽量不受冻，土层湿度降至不出菇为宜。

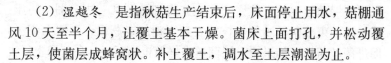

（2）湿越冬 是指秋菇生产结束后，床面停止用水，菇棚通风 10 天至半个月，让覆土基本干燥。菌床上面打孔，并松动覆土层，使菌层成蜂窝状。补上覆土，调水至土层潮湿为止。

菇床温度在 10℃ 以上时每天对流通风，天暖时通风 3～4 小时，天冷时打开棚的一头通风，低温情况下，菇房温度低于 8℃，应减少通风时间和次数，或结合喷水通风。在阴天、寒冷天气，每 2～3 天开一次窗，保持菇房空气新鲜，时间可以短些。

土壤水分过干菌丝易干瘪，不利于春季出菇，应注意喷水保湿。每周结合通风喷两次水，保持土壤表面不发白、湿润即可，不能过湿。

以上两种方法中，各有利弊，有条件的还是用湿越冬方法好。

3. 春菇管理 随着气候变暖，蘑菇经过越冬管理后春天还可以出菇，春菇管理得好，产量可占到整个生产季产量的 30％。春菇管理与秋菇相比有两个不利条件，一是由于经过秋季出菇，培养料大部分养分已被消耗，在冬季低温阶段培养料菌丝又受低温的影响，菌丝的生长势较弱，出菇能力比秋菇明显降低，如管理不当，容易造成菌丝萎缩和死菇。二是气温变化起伏大，气温时高时低，忽冷忽热，尤其在北方地区刮大风天气多，气候干燥。三是随着温度升高，菇房内外环境中病虫害逐渐增多，严重影响春菇产量。因此，春菇管理的技术要点是补充营养、调控温度和水分及防治病虫害。要根据菌床栽培料养分状况、菌丝生长情况，结合当地气温回升快慢，气温高低变化，风力风向等，对菇房温度、水分和空气进行灵活调节，做好防低温、抗高温准备工作，密切注视病虫害的发生，做到及时防治。

春菇管理要做好以下几项工作：

（1）补土 为使覆土层内菌丝恢复生长，应对土层进行松动，排出土层内积累的废气，并挖除老菇根。图 2-8 为松土整理后的床面。松土方法要视覆土层的菌丝生长情况灵活掌握，如果覆土层菌丝生长束状密集，应先将细土刮到一边，翻动粗土，使板结的束状菌丝断裂，拔掉发黄干瘪的老菇根，再覆上细土，促进菌丝萌发。如果覆土层菌丝尚好但板结不紧，刮开细土后去掉死菇、老菇根，再覆上细土即可。

图 2-8　经过松土整理后的床面

（2）补水分　水分管理是春菇管理中最重要的环节，对于采用不同越冬方式管理的春菇，水分管理措施也不同。

①"干过冬"菇房的管理：越冬管理采用"干过冬"的菇房，覆土层和栽培料在经过较长时间的越冬期后脱水严重，管理重点在调节水分。配制 2%～3% 的石灰水，从顶层开始，逐层向下浇水，用水量每平方米 7～8 千克，每天浇水两次，浇水时让上层床料中有富余的水滴落到下层为宜，2 天内调足春菇生长时所需的水分，然后停水 6～8 天，保温让菌丝萌发生长，在栽培料中、覆土层中看到绒毛状菌丝后，再适量喷水，初期用水要轻，要根据床面菌丝生长情况和覆土层含水量适当调水，以利菌丝生长。不敢喷大水，否则新长出的绒毛状菌丝受到大水的淋洗易造成自溶或萎缩。

新菌丝萌发后抵抗力差，不可随意喷水或打开门窗通风，以免引起土层水分的大量蒸发和菌丝干瘪后萎缩。随着气温逐渐回升，当菇房温度稳定在 10℃ 以上后，要保证出菇所需的水分，土层含水量应掌握在土层饱和含水量的 80%。菌丝发生扭结菇蕾出现后，喷水量不宜过多，要轻喷、勤喷，喷水时力求均匀，呈雾状，防止水流直接喷到幼菇上。菇蕾生长期间，增加空间内喷水次数，保持菇房内空气相对湿度为 90%～95%。

水分管理原则，可按以下 7 个方面灵活掌握：

一看天气，晴天多喷水，阴雨天少喷或不喷水。

二看气温，温度低于 10℃ 以下时不向菇体喷水，待温度回升到 10℃ 以上后再喷水，如果菇房湿度较低，可在中午向空间、地面喷水，增加湿度。

三看菇房环境，菇房遮阴性好，菇房内阴凉，保湿较好，可少喷水，反之，则应多喷水。

四看覆土，覆土持水性好的少喷水，持水性差的要多喷水。覆土厚保水性好的黏性壤土可少喷水，土层薄或沙质土壤应多喷水。

五看覆土层、栽培料层中菌丝生长的强弱疏密，凡菌丝洁白，生长旺盛的可多喷水，反之则应少喷。

六看床面长菇的多少，凡床面菇多、菇大，水分需求也大，应适当多喷水，反之则少喷。

七看菇床的方位，菇房背阴处，墙角边落应少喷。菇房门口，迎风向阳处，走道两旁水分消耗多，应适当多喷。

②"湿过冬"菇房的管理：越冬管理采用"湿过冬"的菇房，栽培料中、覆土层中均保持有一定的水分，菌丝生长较好，但耐水力仍很弱，一定不能用喷重水的方法浇水，否则会造成覆土层中、栽培料中水分过多，出现菌丝自溶退菌现象，不利于菌丝生长和子实体形成。因此，初期应采用轻喷的办法，先把覆土层调湿，菌丝长势逐渐完全恢复，菌丝耐水能力增强后，再按如前的喷水管理方法进行。

(3) 补养分 补养分可结合调发菌水时进行，发菌水应选择在温度开始上升以后喷洒，在适宜温度下，通过调水促使菌丝萌发生长。发菌水用量视菇床缺水情况而定，不可过量，不可一次喷完，应每天喷水 2 次，3 天喷完。在发菌水中可加入尿素 0.3%，磷酸二氢钾 0.3%，硫酸镁 0.1%，培养料煮出水 10%，配成营养液喷施，有利于菌丝恢复和生长。

补养分要注意以下 3 点。

①补养分要适期：蘑菇子实体的生长发育每出菇一批都要消耗大量养分，菌床补养分最适宜期应在采菇后及时施用。

②养分液浓度要适当：养分液体浓度不是越高越好，如果浓度太高，反而会抑制菌丝对养分的吸收，妨碍菌丝正常生长。如果浓度过低，起不到补养的作用。一般在较常用的补养液中，有机类养分的浓度为 2%～5%；尿素及糖类的浓度以 0.1%～0.3%为宜；磷、钾、镁等无机盐的浓度宜在 0.05%～0.1%；锌、锰、硼、钼等微量元素的浓度可为 0.02%～0.05%。

③养分要合理搭配：蘑菇生长不仅需要碳、氮、磷、钾等大元素，还需要微量元素；因此，施肥时不同配方的养分应合理搭配使用或交替使用。

(4) 温度管理 春菇生长期的特点是气温由低到高，气温起伏大，昼夜温差大，初春气温偏低，后期气温偏高。菇房温度低于 10℃时，子实体生长慢，个体大肉较厚，但出菇减少，产量降低。当菇房内温度降到 5℃以下时，子实体基本停止生长；当温差超过 10℃以上时，也容易造成菇蕾的大量死亡。菇房温度高，子实体虽然生长快，但个体重量轻，肉质疏松，菌柄细长，易产生薄皮菇、开伞菇，品质差；如果温度持续超过 23℃，菇蕾就会出现死亡，因此，对春菇危害最大的是高温，会导致死菇。要采取抗高温的措施，在菇房顶上盖树枝、稻草或麦草；向菇房地面泼井水降温，菇房空间喷水降温；在早晚气温冷凉时采取开窗通风换气、降温等控制菇房温度。

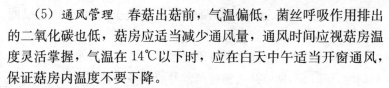

　　（5）通风管理　春菇出菇前，气温偏低，菌丝呼吸作用排出的二氧化碳也低，菇房应适当减少通风量，通风时间应视菇房温度灵活掌握，气温在14℃以下时，应在白天中午适当开窗通风，保证菇房内温度不要下降。

　　春菇出来后，应适当加大通风时间和风量，蘑菇在子实体生长发育阶段生理代谢加快，呼吸作用比菌丝体生长阶段旺盛，需氧量加大，二氧化碳排出量相应增多。因此，春菇出菇后，必须加大菇房的通风换气量和通风时间，保持菇房内空气新鲜。菇房内空气是否新鲜，一般以空气中二氧化碳浓度为指标，但在生产上主要是从蘑菇的生长情况和形态变化判定二氧化碳浓度是否超标，如果出现柄长盖小的畸形菇，甚至出现幼菇萎缩死亡现象，说明菇房内二氧化碳超标，必须及时通风。

　　在我国北方春季风大干燥，通风与保湿要兼顾，也不能因风大不通风，也不能因通风而吹死蘑菇。在刮风天，仅开背风窗，同时在窗口内挂上湿草帘，经常在草帘上喷水，保持草帘的湿润，通风时就可避免干燥的西北风直接吹到菇床上，使菇房内湿度基本比较稳定，避免菇蕾受风发黄或干缩死亡。在无风的天气南北窗可全部打开，但最好在南北窗口都挂上湿草帘，通风时把草帘全部喷湿，既通风又增湿，一举两得。

　　春菇出菇后期，气温持续升高，子实体呼吸作用更加旺盛，菇房内的二氧化碳浓度急剧增大，因此，要增加菇房的通风换气量和通风时间。如果气温在18℃以上时，菇房通风时间可安排在10：00前或16：00后。如果气温在20℃以上时，菇房的通风应在夜间进行。

　　（6）预防畸形菇　春菇出菇过程中易出现地蕾菇、红根菇、空根白心菇、硬开伞菇、畸形菇、水锈斑菇等残次菇，影响了蘑菇品质和产量，应积极采取以下措施。

　　地蕾菇：栽培料运入菇房时湿度太大，粗土调水时菇房通风太大，覆盖细土太迟，温度太低等，容易产生地蕾菇。预防措施应适时通风，喷水适量，使菌丝在粗土之上与细土的土层间扭结。

红根菇：在出菇前高温阶段喷水多，覆土层含水量大，栽培料偏酸，通风不良，补施葡萄糖营养液过多等易发生红根菇。预防措施应避免高温时洒水，追肥浓度要适当，调整好栽培料酸碱度，覆土层含水量保持在 22%～25%。

空根白心菇：在菇柄产生白色髓部，甚至空心，与喷水较少，覆土层较干燥，子实体得不到充足水分供给有关。预防措施应适时适量喷水，出菇期菇房空气相对湿度保持在 85% 以上。

硬开伞菇：昼夜温差太大超过 10℃，遭遇强冷空气袭击等均易引起硬开伞。预防措施当气温骤烈变化时，菇房外加盖草帘，保持菇房气温稳定、湿度适宜。

薄皮早开伞菇：由营养缺乏、高温等引起。预防措施为补施营养液、综合降温。

畸形菇：菇房二氧化碳含量超过 0.3% 时易出现畸形菇，如果出菇部位较深也往往呈畸形。预防措施为加强菇房通风换气。

水锈斑菇：菇房湿度过大，喷水后没有及时通风换气等，使菇体表面长时间存有水滴，就会形成铁锈色的斑点。预防措施应在每次喷水后及时打开门窗通风换气，喷水要细。

（7）防治病虫害　春菇出菇后期，随着气温不断升高，菇房中易发、易感病虫害增多，做好病虫害的防治是春菇安全性生产管理的关键一环。应贯彻以防为主，综合防治，生物防治优先，严禁在出菇期喷施杀虫杀菌剂的原则，具体措施参见第四章有关部分。

（8）清理菇房　春菇栽培结束后，应及时把废料运出去，对菇房进行彻底清理。清料是一道收尾工序，但也可以视为是下一茬蘑菇栽培的开始，在产菇区经常会出现老菇房种菇污染率大，出菇产量降低，蘑菇品质下降，栽培效果一年不如一年的现象，其中一个重要原因就是菇房清料不及时、不彻底，因此，清料对以后蘑菇的正常生产非常重要。通过清料一是大大减轻老菇房内各种病虫的潜伏量，由于菇房大部分时间处在温度适中的阴湿条件下，各种病虫以菌床栽培料、残次菇为载体滋生繁殖，不仅残留在菇房地面、墙壁、床架表面，还能以虫卵、孢子等休眠体的生存方式潜伏在这些材料的内部。二是通过清料对老菇房的消毒净化为下茬蘑菇栽培创造更好的生长环境，有利于蘑菇获得连年稳产高产。

清料前先把菇床上的蘑菇采干净，然后开窗通风，出清废料，特别注意边角、墙缝、菇床连接处等易藏污纳垢的地方要清扫干净，不留死角。清理干净后用5％石灰水清洗两次，地面打扫干净后撒一层石灰，保持菇房干燥，等待下一茬菇栽培。

第四节　反季节栽培技术

所谓反季节栽培，就是指在外界非常不适宜蘑菇生长的温度气候条件下进行的栽培。从我国大部分地区来讲，如西北、华北、东北省区，蘑菇的反季节栽培时间有两个，一个是夏季，一个是冬季。在华中、华南等省区，蘑菇的反季节栽培时间则主要是夏季。不论是夏季，还是冬季，在反季节栽培中，除了充分满足蘑菇生长发育所需的生态环境条件外，更主要的是必须按照蘑菇栽培的安全性技术要求，制定更加严格的生产技术规程。特别是在出菇管理中，要更加严格地规范农药的使用要求，因为反季节栽培中，病虫害最容易发生，一旦病虫害发生后，在不适的环境条件下，很难对病虫害做到彻底控制。因此，反季节栽培与顺季栽培相连接，实现周年生产，除了安排好制种、发菌、出菇各个环节外，首先应做好隔离工作，发菌与出菇场地必须严格分开，并定时消毒灭菌，清除废料，避免病虫害交叉感染，如出现交叉感染时，应暂停发菌工作，彻底消除病虫害污染源外，再重新启动生产程序。否则，在生产过程中将出现边生产，边污染，生产越多，污染越多的不利局面，给生产造成较大的损失。

从我国目前设施农业的发展来看，以太阳能节能温室为主的栽培设施，在各地都有大量的建造，在冬季利用温室的反季节栽培技术比较成熟。因此，有关蘑菇冬季的反季节栽培，各地可结合当地温室建造的特点，并参照前述的出菇管理方法进行灵活运用。以下仅对蘑菇在夏季的反季节栽培中，生产上需要注意的事项及应采取的措施等进行阐述。

一、选择适宜的出菇场地

在夏季反季节栽培中，应选择高海拔山区、人防工事、半地下菇房等温度较低的地方。高海拔山区，夏季的气候十分凉爽，蘑菇的野生菌就是在这个季节产生，因此非常适宜蘑菇反季节栽培的实施。近年来，我们通过在高海拔山区的栽培实践证明，菇房内温度一般不会超过 23℃，完全能满足蘑菇生长发育的要求。在高海拔山区栽培的蘑菇产品还具有质量高的优势，主要是出菇环境空气、生产用水、栽培原料、覆土等安全性很高。我国的山区很多，近年来各地把扶贫项目的实施大都放在山区，根据山区的自然优势，选择蘑菇等食用菌进行反季节的栽培生产，应是一项利国利民的好事情。但是在实施过程中，一定要以点带面，确实掌握栽培技术后再逐步推开。

人防工事大都建在城市，人防工事夏季的最高温度在 20℃左右。因此，在城市选择人防工事是反季节栽培的理想之地。但是，由于人防工事的结构特点，决定了人防工事存在的最大缺点是通风较差和光照不足，解决办法是在出风口安装大功率的风伞，加强工事内空气的流动，在巷道里每隔 15 米安装 100 瓦的灯泡一个，避免因二氧化碳积累过多和光照不足对出菇的影响，满足子实体生长发育的需要。此外，人防工事内湿度大、蒸发量小，在出菇过程中，要减少喷水量和喷水次数，一般情况下，只

要子实体生长正常就不需要喷水。

在城郊或其他平原地区，可选择半地下菇房进行反季节的栽培。所谓半地下菇房，就是一半建在地表以下一半建在地面上，地下部分1.2～1.5米，地上部分1～1.2米。建造地应选择背阴的地块，向下挖出一定深度，把挖出的土堆积在四周或打成土墙，要建成一面高一面低，以利于走水，设置好通风口，再把棚架搭好，盖上塑膜和草帘就可使用。半地下菇房的优点是建造容易、成本低，夏季比地面菇房的温度低，冬季又比地面菇房的温度高，而且湿度大、稳定、易控制，较适宜蘑菇生长发育的需要。

二、选择适宜的出菇时间

为了避免极端气候给反季节栽培造成损失，要合理地安排出菇时间，使出菇期尽可能地避开极端的高温天气。极端气候主要是指气温明显高于历史记录，且持续长时间的高温天气。目前，对于广大菇农来讲，由于经济能力有限，生产设施条件差，根本无法抵御出现的极端天气，所以要正确地理解反季节栽培，并不是说反季节就是温度越高越要生产，它也是相对的，其主要目的是在人的作用下，尽可能地弥补生产的空隙，实现提早上市或延长产品的市场供应时间。如夏季的"三伏"天，可以选择在此之前或之后出菇，这就要在制种和下料生产之前做好计划，蘑菇各阶段菌丝培养和出菇期需要的大体时间为：母种7～10天，原种25～30天，栽培种25～30天，播种到出第一潮菇35～40天，出菇时间60～80天，共计160～180天。即从母种制作开始到出菇结束需要5～6个月的时间。可以根据实际情况来安排生产，假如选择在"伏天"前，即6月底或7月初出完菇，如果从母种开始，那么就要在1月底或2月初制母种，如果直接购买原种，那么就可在2月底或3月初制栽培种。依此类推，假如选择在

"伏天"后，即 8 月底或 9 月初出菇，如果从母种开始，那么就要在 4 月底或 5 月初制母种，如果直接购买原种，那么就可在 6 月底或 7 月初制栽培种。

三、选择适宜的出菇模式

在夏季反季节栽培中采用蘑菇空调出菇房是近年来发展较快的一种栽培模式，基本上一年四季可以保证鲜菇的均衡上市。

蘑菇空调出菇房的核心组件包括温度调节、湿度调节、CO_2 浓度调节及空气净化控制系统。空调系统要在保证菇房空气净化控制的前提下，能够有效调节菇房内的温度、湿度、CO_2 浓度，满足蘑菇栽培的技术工艺控制要求。温度调节、湿度调节、CO_2 浓度调节三因素是即相互独立又相互联系制约的，关系到出菇房是否能实现四季出菇，稳产高产。

设计建造蘑菇出菇房的空调系统时，主要是根据出菇房的大小、保温情况和栽培面积来确定空调系统的制冷量、制热量和通风能力。其中，栽培面积和单位产量是确定出菇房空调系统负荷的重要参数。一般要求出菇房的温度应在 15～28℃ 范围内可调；相对湿度在 70%～98% 范围内可调；CO_2 浓度在 800～5 000 微升/升范围内可调，菌丝培养阶段一般不用主动控制 CO_2 浓度。

空调选型时在考虑出菇房结构尺寸、栽培面积、净化要求等因素的同时还要考虑地区环境的温度、湿度、海拔高度以及蘑菇的销售方式等因素，如果是以鲜品销售为主，对空调的除湿能力要求高一些。如果是为罐头、速冻等加工作原料，对空调的除湿能力就要求低一些。空气净化控制系统包括净化过滤系统和正压控制系统，外界空气只能通过装有过滤器的进风口进入菇房内，栽培过程中，出菇房内应始终保持正压。

蘑菇空调出菇房用水系统包括菇床面喷水用的净水系统、清洗用水系统、空调用水系统及排水系统。菇床喷水用的水源要达到饮用水标准，每栋菇房至少有一个接口。清洗用水主要用于菇房、走廊地面清洗，工具、周转箱等清洗，走廊内要有清洗槽，每间菇房内要有一个接口；排水主要是菇房清洗排水和空调冷凝水排水，排水要保证菇房之间不串气，室外污水及空气不能倒灌进入菇房内。

在设计蘑菇空调出菇房时，除考虑以上设计要点，还要考虑栽培的具体品种、原材料、环保、节能等因素。各地由于生产规模与栽培品种的不同，建设地点气候环境、地理、地形、海拔、植被的差异等，对蘑菇出菇空调房的设计要求也是不同的，千万不能照搬一个模式，否则会造成不必要的损失。

草菇安全生产技术

草菇 [*Volvariella volvacea* (Buu. ex Fr.) Sing] 属担子菌纲，伞菌目，光柄菇科，苞脚菇属，在我国又有兰花菇、麻菇，稻草菇、秆菇、贡菇、包脚菇、南华菇等俗称。草菇的栽培和食用起源于我国，因此，在国际上草菇又有"中国蘑菇"之称。草菇栽培一般从栽培料堆料到出菇结束仅需 1 个多月，表现为两快。一是菌丝生长快，原种或栽培种接种后 28～32℃适温条件下，7 天内即可发满菌瓶（袋）。二是菇蕾发育快，30℃温度条件下，铺料播种后 6～7 天即有菇蕾现出，第 8～9 天可达到现蕾高潮，10 天后进入采收高峰，适温条件下菇蕾 1～2 天即可达到成熟，是目前人工栽培的需求温度最高、生长周期最短的一种食用菌。

第一节　生长发育条件

草菇是一种草腐真菌，它与蘑菇一样分为菌丝体和子实体两个生长发育阶段。在野生条件下草菇菌丝体主要生长在腐烂的稻草上及其他腐殖质土壤中，在盛夏高温、高湿的环境条件下，野生草菇会很快从腐烂的稻草上或其他土壤中长出子实体。人工栽培条件下，要根据草菇生长发育对营养物质和环境条件的要求，为其生长发育提供最佳的培养基质及生长环境，才能获得高产稳产、品质优良、食用安全的草菇产品。

一、营养条件

（一）碳素营养

菌丝生长能够利用多种碳源，母种培养基以葡萄糖最好，蔗糖和麦芽糖次之。在草菇原种、栽培种及栽培生产中用的碳源主要是农副产品下脚料与作物秸秆，如棉籽壳、玉米芯、稻草、麦秸、甘蔗渣、玉米秸、豆秸、油菜壳等。

（二）氮素营养

菌丝生长能够利用多种氮源，母种培养基以蛋白胨最好，蔗糖和麦芽糖次之。在草菇原种、栽培种及栽培生产中主要是用麦麸、米糠、玉米粉等为氮源。

（三）矿物元素和维生素

在上述碳素营养和氮素营养的棉籽壳、玉米芯、稻草、麦麸、米糠、玉米粉等材料中已含有大量的矿物元素和维生素，基本能满足草菇菌丝和子实体生长发育的需要，一般不需要再另外添加。

二、环境条件

（一）温度

草菇对温度的要求较高，应根据其不同生育期控制好相应的温度，孢子萌发的温度范围在25~45℃，最适温度为35~40℃；菌丝体生长的范围为15~40℃，最适宜温度为30~32℃，子实体生长的温度为26~35℃，最适宜的温度为28~30℃。出菇期应特别注意极端气候的影响，如遇到连续几天38℃以上的极端高温气候时，应加强通风降温和控湿，如料温高于38℃，子实体将难以形成。如遇到连续几天低于 22℃ 的低温气候时，应注意保温，否则易造成幼小子实体的死亡。

（二）水分和湿度

草菇是一种喜湿菌类，培养料含水量十分重要，要求培养料的含水量在 65%~70%，菌丝体生长阶段空气的相对湿度在 80%，子实体生长阶段为 90% 左右。若水分不足，菌丝生长缓慢，子实体难以形成，甚至死亡，水分过多，则会通气不良，影响呼吸作用，影响菇蕾吸收与输送营养，从而生长受抑制；造成烂菇和死菇。

（三）空气

草菇是好气性真菌，在进行呼吸作用时，需要吸入氧气和排出二氧化碳。因此要保证栽培场地通风透气，在针头期到纽扣期，如果通风不良，产生的原基又可能长出菌丝，从繁殖生长到转为营养生长，造成幼菇死亡。

（四）光线

菌丝培养发菌期需黑暗条件，子实体发育需散射光，否则易出现畸形菇。子实体为鼠灰色，光线强时，颜色变深为黑灰色，光线弱时则为浅灰色。头潮菇如果菇房温度高于 35℃，湿度又较大时则菇体色泽为灰白色。

（五）酸碱度（pH）

草菇对酸碱度的适应性较广，菌丝生长最适 pH 为 7~7.5，菌丝体在培养料中的最适生长 pH 为 7.5~8.0，子实体生长的最适 pH 为 7.0~7.5。

第二节　菌种生产技术

一、菌种选育

菌种制作是草菇栽培的重要环节，采用人工培育的纯菌种栽培草菇，出菇快、产量高、品质好，只有通过纯菌种选育才能获得优良菌种。

（一）菌种分离培养基制备

配方：马铃薯 200 克，葡萄糖 20 克，琼脂 20 克，水 1 000 毫升，pH 7～7.5。

制备方法：按配方要求准确称取各种材料的需要量，首先将马铃薯去皮，切成薄片，放在锅内，加水约 1 200 毫升，把玉米粉或麸皮也加入，充分搅拌均匀，然后放在电磁炉或火炉上煮 15 分钟，边煮边搅拌，煮好后用双层纱布过滤，如果滤液不足 1 000 毫升，需加水补足。倒掉废渣，把铝锅洗净，再把滤液倒回锅内，加入琼脂继续加热，不停地搅拌至琼脂全部融化后，再加入葡萄糖，充分搅拌均匀，趁热分装到 500 毫升三角瓶内，1 000 毫升培养基分装到 3 个三角瓶为宜，分装完毕，塞上棉塞，瓶口棉塞部分用牛皮纸或双层报纸包住，用皮筋或线绳捆紧，口朝上，直立放入灭菌锅的内桶灭菌，同时把洗净的培养皿也一同放入。在 0.1～0.15 兆帕的压力下灭菌 60 分钟后停止加热，待灭菌锅自然冷却，压力表指针回到零位置后，打开锅盖取出三角瓶和培养皿放入接种间超净工作台上，在无菌条件下，去掉瓶口的棉塞，掀开培养皿盖，把培养液倒入平皿，厚度 2～3 毫米，自然冷却后，培养基凝固即成，备用。

(二) 孢子分离法

孢子的分离有单孢分离和多孢分离两种方法，单孢分离主要用于遗传研究或杂交育种。多孢分离实际上是许多孢子的混合培养，其分离方法如下：

选择菇体健壮、新鲜干净、无病斑、无虫蛀、即将成熟但尚未开伞的子实体，采摘后放入干净的罐头瓶内，带回实验室进行孢子采集。分离时要求无菌操作，按照进入接种间的程序进行消毒灭菌后，再把子实体、试管培养基等带入接种间，先用75％酒精擦洗双手和菇体表面，再用无菌水冲洗两次，无菌棉吸掉菌膜表面水分，然后剪开菌膜去掉，把菌盖取出放在培养皿内的培养基上，菌褶朝下，盖上皿盖，24小时后，揭开皿盖，拿走子实体，再盖上皿盖，在30～32℃培养3～5天后，即可看到培养皿上出现许多白色的小点就是孢子萌发的菌落，这些小白点初始形态差不多，但继续培养则变化较大，有的扩展快，很快能见到明显的菌丝，且菌丝生长健壮；有的扩展慢，甚至不扩展。因此，当发现生长较快的菌落时，就要及时地把它转到试管内培养、编号。当发现生长较快的菌落有多个时，要把它们转到不同的试管内，编上不同的号，以利于对不同菌落生长情况的比较。

不同编号的试管，当菌丝在试管斜面上生长扩展至2厘米左右时，仔细观察菌丝生长情况，如果菌丝整齐浓密，生长速度快，气生菌丝爬壁能力强，长势整齐一致的继续培养。反之，如果菌丝生长很稀疏，菌丝发白，气生菌丝长势混乱，气生菌丝远比基内菌丝多，这种情况的试管就要淘汰，不用再继续培养。对于保留的试管，继续观察菌丝生长满试管斜面的时间，观察厚垣孢子出现的时间早晚，把菌丝生长势强、菌丝先长满试管、厚垣孢子出现早的试管保留下来，继续进行下一步观测试验。

通过孢子分离获得的不同编号的菌落，除了对菌丝体生长差异的比较外，还必须经过出菇试验的性能测试，生产性状稳定后，才可以用于生产。

（三）组织分离法

组织分离是一种无性繁殖的过程，在严格操作的条件下，从理论上来讲，所获得的菌丝体只是一种再生核，并没有被异质化，染色体也没有发生重组，将保持原菌株的遗传特性。因此，通过组织分离，不仅可以快速地获得纯化菌丝体，而且可以保持它的种性。在生产上，通过组织分离，也可以保存或复壮某些具有优良性状生产用种。

采用组织分离时要选取第一茬菇的 70%～80% 成熟、菌体肥大、外菌幕完整未破、色泽好、菇体干净、无病斑、无虫害、单生或两三个群生的菇体进行分离，采摘后去掉泥土杂质，放入无菌瓶内，带回实验室进行组织分离，分离时要求无菌操作，按照进入接种间的程序进行消毒灭菌，再把草菇子实体、试管培养基等带入，先用 75% 酒精擦洗双手和菇体表面，再用无菌

菌肉

图 3-1 草菇子实体组织
分离示意图

水冲洗两次，无菌棉吸掉多余水分，晾置 1 小时后，把外菌幕剥开，子实体从中间一分为二，取子实体中央一小块菌肉（图 3-1)，放入试管斜面培养基的中间，塞好棉塞，分离后在 30～32℃环境中培养，2 天后即可看到组织块上和周围出现稀疏的菌丝，继续培养 3 天左右，菌丝会迅速长满试管斜面，经过 7～9天培养菌丝体从白色转至微黄，接着有红褐色厚坦孢子出现。

通过组织分离到的菌落，必须进行菌丝体的纯化。即分别挑

取从子实体分离成活后的菌落，转接到平皿内，仔细观察菌丝生长的强弱及有无细菌或霉菌斑点，对纯化过程中仍有污染的菌落应淘汰或继续纯化。对菌丝体生长弱，可能存在生理缺陷或仍伴有隐性污染的应淘汰。纯化的结果作为初筛，淘汰掉菌丝生长弱和一般的菌落，把菌丝体壮的菌落分别转接在试管斜面中，编号保存，继续进行栽培出菇试验。

二、自然留种

自然留种属于一种原始的经验留种方法，现在已很少采用。但是通过对该方法的了解，有助于加深对草菇菌种来源的认识。具体有以下两种方法。

1. 草种留种法 实际上是一种原始的保存草菇菌丝体的方法。具体步骤是采完第一茬菇后，选择产菇多，幼菇生长一致，菌丝旺盛，无病虫害的部位，在第二批菇未长出时，把菌料取出，在通风处阴干，存入清洁干燥的缸内，封口保存。种菇前1个月，再把菌料取出，撒上米糠和水，堆积沤制3～5天，有新菌丝萌发长出时即可使用。

2. 菌盖留种法 实际上是一种原始的保存草菇孢子的方法。具体步骤是选择肥大、无病虫害、干净的菇体，略微开伞菌褶呈红色最好，采摘后用线绳穿过菇柄把菇体串成一串，在通风处快速阴干，用干净纸包好放入瓶内保存备用。种菇前把干菇取出在清水中泡1～2小时，使草菇孢子浸入水中，然后用浸过菇的水淋在培养料上，孢子进入培养料内在适宜的温湿度条件下萌发成菌丝体即可使用。

三、品种选择

根据当地气候、栽培设施条件及草菇产品供应市场的情况，应选择不同的草菇品种。草菇品种按子实体大小可分为小型种、中型种、大型种。如果按外菌幕色泽分则有浅灰色的浅色种和灰黑色的深色种之分。目前，我国草菇生产的主要菌株有 V_{35}、V_{34}、V_{23} 等品种，不同菌株的主要特性如下。

1. V_{35} 菌株 是由香港中文大学生物系张树庭教授选育，出菇温度要求在 25℃ 以上。属于中型种，个体中等，色泽灰白，菇质细嫩，浓香味美，外菌幕厚，不易开伞，商品性好。播种后发菌快，菌丝粗壮，耐高温，出菇潮次明显，丛生菇较多，产量高，生物学效率在 35% 以上。适于在我国大部分地区栽培，北方地区以 6 月中旬到 8 月上旬季节性栽培为宜。

2. V_{34} 菌株 是由河北省科学院微生物研究所选育，对温度适应范围广，抗逆性强，能耐气温骤降和昼夜温差较大的气候环境，菌丝体在 24～29℃ 下生长良好，在 23～25℃ 可以正常出菇。属于中型偏小品种，外菌幕灰黑色，厚薄适中，椭圆形，不易开伞，商品性状好，适于盐渍和制罐，产量较高，适于我国北方地区春末、夏初或早秋季节栽培。

3. V_{23} 菌株 是由广东省微生物研究所选育，对温度反应较敏感，生长期如遇到突然的高温或低温等恶劣天气，易造成菇蕾枯萎死亡。属于大型种，个体大，鼠灰色，外菌幕厚而韧，不易开伞，成菇率高。播种后出菇早，一般 6～8 天出菇，菇丛密，菇形好，产量高，适合烤制干菇，也适合制罐头和鲜食。该菌株缺点是抗逆性较差，主要适于在长江以南栽培。如果在北方地区栽培，必须有良好的加温和保温设施，同时配套相应的栽培管理措施。

4. V_2 菌株 是由广东省微生物研究所选育，耐高温品种，菌丝体生长适温为 28～40℃，最适温度为 35～36℃；出菇温度为 26～32℃，最适温度为 28～29℃。属于中大型种，菌丝体生长期厚垣孢子多，呈红褐色。播种后出菇早，菇蕾密，丛生或簇生，菇体大，颜色浅，圆整均匀，成菇率高，但外菌幕较薄，易开伞。该菌株与 V_{23} 菌株相似主要适于在长江以南栽培。如果在北方地区栽培，同样必须有良好的加温和保温设施，并配套相应的栽培管理措施。

5. V_{91} 菌株 是由上海植物生理研究所采用原生质体融合方法选育，子实体个体中等，属中型种，产量与 V_{23} 差不多。一般播种后 5～10 天出菇，子实体灰黑色，适于加工罐头，烤制干菇。

6. VP_{53} 菌株 是由四川省农业科学院食用菌开发研究中心采用原生质体诱变方法选育而成，子实体个体大，属大型种。一般播种后 7～10 天出菇，子实体浅灰色，抗逆性强，对不良外界环境抵抗力较强，耐低温。

通过对以上不同草菇菌株的介绍，需要注意的问题是，草菇菇体大小的划分，除受自身遗传基因控制外，菇蕾发生与生长期间的温度条件，栽培基质的营养、水分条件以及管理技术等，对草菇个体的大小都有影响。因此，栽培料营养丰富，温度、湿度、水分适宜，管理措施到位，是充分发挥不同草菇菌株优良特性的重要前提。

除了上述介绍的菌株外，在不同资料上可能还有其他编号的菌株介绍，但是，在引种时，不论哪一个菌株，除了对照资料仔细鉴别选择外，最好在购回菌株后先做小规模的品比栽培试验，经过在当地的实地栽培，进一步对所选择的菌株有了全面地了解，确认所选菌株无误后，才能在生产上大规模应用。

四、母种制作

从孢子分离或组织分离得到的纯菌种，是真正意义上的母种，但在生产上一般把经过母种转接扩大后的试管种也都称之为母种，因此，试管母种根据其转管繁殖次数的不同，又可分为一代母种、二代母种等。

（一）常用培养基配方

PDA 培养基：马铃薯（去皮）200 克，葡萄糖 20 克，琼脂 20 克，水 1 000 毫升，pH 自然。该配方培养基主要用于菌种分离、纯化培养或母种的保藏。

PDA 加富培养基：马铃薯（去皮）200 克，葡萄糖（蔗糖）20 克，玉米粉 30 克，黄豆粉 10 克，磷酸二氢钾 1.5 克，硫酸镁 0.5 克，琼脂 20 克，水 1 000 毫升，pH 自然。该配方培养基主要用于转接原种的母种制作或母种复壮。制作时应注意黄豆粉与马铃薯同时下锅，煮 15 分钟后再加入玉米粉，以免起糊影响过滤。

PSA 酵母膏培养基：马铃薯（去皮）200 克，蔗糖 20 克，酵母膏 5 克，琼脂 20 克，水 1 000 毫升，pH 自然。该配方可与 PDA 培养基交替使用，配方中加入酵母膏对于促进草菇菌丝对蔗糖的利用很有好处。

（二）培养基配制

培养基配制过程及方法与第二章第二节母种培养基的制作方法一样，可参照去做。此外，如果在没有高压灭菌的条件下，也可以用常压灭菌的方式，即用普通蒸锅蒸馒头的方法灭菌（注意：试管在锅内必须直立，不能横放），但要延长灭菌时间，在 100℃下的温度应至少保持 4～6 小时。采用间歇灭菌法，灭菌效果会更好，水烧开后灭菌 1 小时（100℃），冷却 3 小时，再烧开水灭菌 1 小时（100℃），连续 3 次。培养基灭菌结束后，应立即取出试管，直立放置 3～5 分钟，待试管壁上的水珠落到培养基内后，再趁热搁置斜面，斜面摆好后，用干净毛巾覆盖，防止冷却过程中因温度快速下降使试管内壁又产生水珠。

常压灭菌后的试管培养基，应当从其中取出 3～4 支，放在 28～30℃的恒温箱中培养 2～3 天作空白试验，如果斜面仍光洁透明，无杂菌或细菌出现，说明灭菌较彻底，可以进行转接母种。如发现白色的或脓样状的斑点、斑块，是被细菌污染了，如发现绿色的或其他带色的斑点，是被霉菌污染了，说明灭菌不彻底，这批试管必须重新灭菌，再经过空白试验的检验，确认没有任何的杂菌后方可使用。

（三）接种与培养

接种过程及方法与第二章第二节母种接种的方法一样，唯一不同的是菌种的不同，可参照去做。接种后的试管，放入30～35℃的培养箱进行培养，正常情况下，培养4～5天菌丝就可长满试管斜面，让菌丝再长上2～3天，就可转接原种。如果暂时不用，应放在15～18℃的冷藏箱中或者放置在阴凉干燥处保存。转接原种的保藏时间以一个月为宜，最长不超过两个月。否则，保藏的母种应重新转接成新的试管母种后才能使用。

（四）菌种保藏

草菇菌丝不耐低温，菌种保藏温度应不低于10℃，如果较长时间保藏在10℃以下的环境中将导致菌丝失去活力，甚至死亡。因此，不能采用与其他食用菌品种一样的在4～5℃条件下保藏的方法。

草菇菌种保藏生产上采用的主要是继代培养保藏法，根据培养基成分的不同，继代培养保藏又有两种方式。

1. PDA 培养基保藏 首先制作好 PDA 培养基的试管备用，然后将需要保藏的草菇菌种接种到试管斜面上，在30℃下培养，菌丝长满试管斜面培养基后，在15℃左右下存放，最低温度不能低于10℃。为减少保藏过程中试管内培养基水分的散失，应改用橡胶塞封紧管口，或将试管菌种放在塑料袋中，每隔2～3个月转管1次。

2. 稻草培养基保藏 配方：稻草粉 87%，麸皮 10%，石膏 2%，石灰 1%，pH7.5，含水量 65%。将配好的培养基装入 250 毫米×25 毫米的试管中，装料量为试管长度的 2/3，装料以松紧适宜为宜，用棉塞封口。灭菌后，在无菌条件下接入草菇菌种，在 30℃下培养，菌丝长满试管后改用橡胶塞代替棉塞封紧管口，放置在 15℃下保藏，每隔 2～3 个月转管 1 次。

注意草菇菌种保藏时不同菌株要标记清晰，分别包装保存，不同菌株不能在生产上混杂使用，否则会产生拮抗作用，影响子实体的形成。

五、原种制作

（一）培养基配方

草菇原种生产主要有麦粒菌种、棉籽壳菌种和草料菌种 3 种。

1. 麦粒菌种

①麦粒 88%，米糠 5%，稻草粉 5%，石膏 2%。

②麦粒 98%，石膏 2%。

2. 棉籽壳菌种

①棉籽壳 78%，米糠或麸皮 10%，麦壳或稻壳 10%，石灰 1%，石膏 1%。

②棉籽壳 87%，麸皮 10%，糖 1%，石灰 1%，石膏 1%。

③棉籽壳 77%，麦草 10%，麸皮 10%，糖 1%，石灰 1%，石膏 1%。

④废棉 50%，玉米芯 30%，麸皮 10%，麦草 8%，石灰 1%，石膏 1%。

以上 4 个配方培养料含水量均为 65%，pH 调至 7.5 为宜。

3. 草料菌种 稻草 77%，麸皮或米糠 20%，石灰 2%，石膏 1%，培养基含水量 65%左右，pH 调至 7.5 为宜。

（二）制作工艺

麦粒原种和棉籽壳原种培养基的制作可参见第二章第二节原种制作的有关部分。注意装瓶前必须把空瓶洗刷干净，并倒尽瓶内渍水。在装麦粒培养基时，可在麦粒上部用少量的棉籽壳料或草料封面，以免上部麦粒松散脱水干瘪。在装棉籽壳培养料时，一边装一边稍压紧，装至瓶肩为宜，装好瓶后，用圆锥形木棒在瓶中打一小洞，通到瓶底，增加瓶内透气，有利菌丝沿洞穴向下蔓延。洞眼打好后，随即用清水把瓶身和瓶口洗抹干净，用防潮纸或牛皮纸包扎，装锅灭菌。

稻草料切成 2~3 厘米长的短节，粪草培养基装瓶的质量要求上紧下松，内松外紧，瓶口要扎紧抹净再装锅灭菌。

原种采用高压灭菌时，升温火力应逐渐加大，以防锅内温差变化太大，引起玻璃瓶炸裂破损。当压力开始升到 0.05 兆帕时，打开排气阀排出冷气，冷空气放尽后，再关上排气阀重新升温至所需压力。

高压灭菌所需要的时间，应根据培养基原料的种类和生熟程度来决定长短。棉籽壳、稻草培养基灭菌时的蒸汽压力要求达到 0.15 兆帕，保持 120 分钟。麦粒培养基则要保持 150 分钟才能达到灭菌效果。

采用土蒸锅灭菌时，在 100℃ 的温度下，需连续灭菌 8~10 小时；麦粒培养基的灭菌时间须达 12 小时为宜，停火后再闷蒸 3~4 小时最好。

原种培养基灭菌完毕从锅中取出后，应放于清洁、凉爽、干燥的室内进行冷却，准备接种。

（三）接种与培养

原种接种可参见第二章第二节原种接种的有关部分。原种接种后在 28~30℃ 条件下培养，一般 2~3 天菌丝就会长满料面，

8~10 天长满菌瓶，再培养 3 天左右将产生红褐色的厚垣孢子。如果长时间菌丝不能长满菌瓶，可能是培养料含水量太大，水分沉到菌瓶底部，致使菌丝不能下扎的缘故。此外，培养料 pH 不适宜，太高（高于 9）或太低（低于 5）也会影响菌丝的生长。

草菇原种以菌丝发到瓶底、菌种瓶肩上出现少量锈红色的厚垣孢子时播种最佳。如果暂时不用，在原种出现厚垣孢子之后应置于通风、阴凉、干燥、温度在 18~20℃ 的环境中避光保藏，10 天内使用最好，最长不宜超过 30 天。

六、栽培种制作

栽培种原料与配方除了较少采用麦粒外，其他棉籽壳和草料种的配方与原种培养基是一样的。生产栽培种时，采用聚丙烯菌种袋或耐高温的聚乙烯菌种袋。菌种袋长 33~40 厘米、宽 15~17 厘米，袋一端已经封口。装料可用装袋机，上下松紧一致，袋口套塑料环，用塑模封口，然后用橡皮筋扎紧，灭菌前把报纸裁成与封口塑模一样大小的方块，装入塑料袋放进灭菌锅中与菌种袋一起灭菌。

采用聚乙烯菌种袋装料灭菌时，由于聚乙烯能耐一定的高温，但不耐高压，故只能采用常压灭菌，100℃ 保持 10~12 小时，停火后再闷锅 3~4 小时，然后开锅冷却，移至接种室接种。

采用聚丙烯菌种袋装料灭菌时，聚丙烯菌种袋耐高温、耐高压性能好，可采用高压灭菌。在 0.15 兆帕的压力下保持 2 小时菌袋也不会破裂。灭菌后不要立即打开锅盖，待温度下降至 50℃ 时趁热开锅取出，可减少菌包粘连在一起的现象。

菌袋冷却后在无菌条件下接入原种，接种时去掉塑模，换上灭过菌的双层报纸封口，再用橡皮筋扎紧，移入发菌室在

28～30℃培养，15 天左右菌丝发满菌袋。当栽培种袋出现厚垣孢子之后最好立即使用，如果暂时不用，可在通风、阴凉、干燥、温度在 18～20℃的条件下保藏 5～7 天，切不可放置时间太长。

草菇栽培种适宜的贮藏时间具体判定方法有以下几种：

一是菌丝粗壮浓白，菌袋上有红褐色的厚垣孢子，打开袋口后能闻到草菇菌的香味，是优质菌种的表现，播种后"吃料"快，长势旺。如果厚垣孢子很少，说明菌丝尚幼嫩，可让其继续生长一周再用。

二是气生菌丝密集，菌袋表面出现菌被为淡黄色，厚垣孢子浓密，菌丝生长势逐渐趋向弱势，这是菌种衰老的表现，应尽快使用，不要再继续贮藏，否则会严重影响栽培效果，降低草菇产量和质量。

三是菌袋内的菌丝逐渐变得稀疏，菌袋表面菌被变黄，厚垣孢子密集，菌丝开始萎缩，是老龄菌种的表现，其生活力已开始退化，不能再作为菌种来使用。

七、栽培种使用注意事项

菇农在使用草菇菌种时应仔细鉴别注意下列几点：

第一，草菇菌丝为透明状，银灰色，分布均匀，菌丝较为稀疏，有红褐色的厚垣孢子为正常的菌种。一般来说，草菇母种、原种、栽培种如厚垣孢子较多，出菇后子实体较小；反之，子实体则较大。

第二，如果草菇银灰色菌丝间掺杂有洁白的线状菌丝，随后出现鱼卵状颗粒，久之成黄棕色，则可能混有小菌核杂菌；若瓶内菌丝过分浓密、洁白，也可能是混有其他杂菌，都应淘汰。

第三，如果菌瓶内菌丝逐渐消失，出现螨食斑块，说明染有螨虫，应淘汰。

第四，如果瓶内菌丝已萎缩，出现水渍状液体，有腥臭味者不能使用。

第五，草菇栽培种的菌龄以 18 天左右为宜，超过 30 天的最好不使用。

第三节 出菇栽培技术

一、栽培场地

草菇栽培可利用的场地形式多样，根据栽培场地的不同，分为室内栽培、室外栽培两种。

草菇室内栽培，可以为草菇生长发育提供所需要的温湿度条件，避免受强降雨、极端低温或高温、干热风等不良气候的侵袭，延长栽培季节，提高产量和品质。

室内栽培可利用其他闲置的房屋改建成草菇房，种过蔬菜的大棚，栽培了其他食用菌暂时不用的菇棚，如栽培了金针菇或平菇后的菇棚，在高温季节暂时不用均可用来栽培草菇。栽培蘑菇的菇房在高温季节有几个月的闲置期，也可利用闲置的这段时间种草菇。草菇采收结束后，不会影响蘑菇的种植，等于一个菇房种了两种菇，一年收获了两季菇，比单种蘑菇的效益更好。而且种过草菇的栽培料还能用作栽培蘑菇的部分原料，降低原材料成本。

室外栽培可选择在树林下、阳畦、大田、果园等场所，在出菇床上搭建简易的荫棚，棚顶要加盖塑料布、草帘等覆盖物，防止雨淋日晒。

图 3-2 为塑料拱棚栽培草菇。

图 3-2 塑料拱棚栽培草菇

二、栽培季节

　　草菇喜高温高湿，根据草菇对温度的要求，各地可选择适当的栽培时期。一般而言，栽培适期应安排在当地月平均温度23℃以上，昼夜温差变化小，空气相对湿度大的气候条件下。我国从南到北依次栽培适期为广东、福建、广西等省区的大部分地区，在自然条件下，从春末到秋末（4～10月），均可栽培。春末4～6月和秋季9～10月栽培好于夏季，主要是夏季7～8月栽培易受极端高温天气或暴雨的影响，产量反而不如春秋两季。长江以南如湖南、湖北、江苏、江西等省的大部分地区，以5～9月栽培较适宜。长江以北如河南、河北、山东、山西、陕西等省的部分地区，以5月下旬至8月上旬较适宜。东北黑龙江、吉林、辽宁三省，以6～7月较适宜。我国西部各省区气候差异较大，如四川成都、重庆地区以5～9月栽培较适宜，其他省区应根据当地的气候变化趋势确定栽培适期。

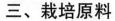

三、栽培原料

（一）主料

栽培主料可利用的有棉籽壳、废棉、麦秸、稻草、玉米芯、玉米秸、花生壳等，要选用干燥、无霉变的材料。栽培过白灵菇、金针菇、杏鲍菇、平菇等的下脚料营养没有完全用尽，这些废菌料经过脱袋、打碎处理后种草菇，也能获得较好的产量和经济效益。

（二）辅料

辅料主要有麸皮、玉米粉、米糠、豆饼等，辅料要求洁净、无虫、无霉、无异味、无有害杂质。

（三）常用配方及配制

草菇栽培的原料来源广泛，培养料配方很多，因此，在选用栽培材料和配方时要因地制宜，充分利用当地的农作物秸秆材料，同时要根据草菇营养需求进行配制，配制原则是不仅成本要低，而且草菇产量高、品质好。下面提供的 6 个配方可以直接采用，也可以根据当地资源进行灵活应用，组成新的配方。

配方一：废棉 70%，玉米芯 27%，石灰 3%，pH8，含水量 65%～70%。

配制：首先把废棉和玉米芯用石灰水浸泡起来，在栽培场地附近挖一个池子，铺上塑料布，资金条件允许的话最好修建一个水泥池。浸泡时按配方比例一层废棉一层玉米芯的方法铺入池子中，用门板等压在上面，门板上再放上重物压好，然后加入石灰水浸泡 2 天。栽培料充分吸水后测定 pH，如果 pH 低于 8 时要调至 8 以上，然后捞出，把废棉和玉米芯混匀即可运进菇房上床架，或在温室大棚、做好的阳畦上等铺料播种。

配方二：豆秸 80%，牛粪 10%，麦麸 5%，石膏粉 2%，石灰粉 3%，pH8，含水量 65%～70%。

配制：脱粒后的秸秆先铺在场地上用拖拉机拖上石磙等反复碾压，使秸秆破碎成小段，然后再用粉碎机粉成 1～3 厘米长的小节备用。配料前先将粉碎好的秸秆用石灰水预湿，再与牛粪及其他辅料混合拌匀后，堆成高、宽各 1 米，长不限的料堆，建堆时如水分不够，可添加石灰水，堆完后覆盖塑料布保温发酵。发酵过程中，翻堆两次，每隔 1 天翻堆一次，翻堆时测定 pH 和水分，如低于 8 时加石灰水调整，如在 8 以上时加清水补充水分。发酵结束后，重新调整 pH 和水分至适宜的程度，即可铺料接种。

配方三：废菌料 52%，麦秸 40%，麦麸 5%，石灰粉 3%，pH 为 8 以上，含水量 65%～70%。

配制：首先把备用的废菌料倒在场地上暴晒 3 天。麦秸粉碎成 2 厘米左右的短节放入石灰水池中浸泡 3 天进行软化，捞出后与废菌料、麦麸混合拌匀堆积发酵。堆成高 1 米、宽 1 米，长不限的条形堆或高 1 米的圆形堆，并稍压实。在料顶部对着下面每隔 0.5 米用铁锹把打孔至底部，上下通气利于发酵，堆好后用塑料布覆盖发酵。发酵过程中，翻堆两次，每隔 1 天翻堆一次，翻堆时测定 pH 和水分。发酵好的培养料，呈褐色，有白色的放线菌丝，有酵香味，无酸臭或氨臭味，发酵结束后，重新调整 pH 和水分至适宜的程度，即可铺料接种。

配方四：麦秸 80%，棉籽壳 10%，麦麸 5%，石灰粉 3%，磷肥 1%，石膏 1%，尿素 0.5%，pH 8 以上，含水量 65%～70%。

配制：麦秸铡成 5 厘米左右的短截，浸入 2% 石灰水浸泡 2 天使麦秸充分吸水软化，捞出麦秸堆置 1 天，然后摊开与棉籽壳、麸皮、石膏粉、磷肥、尿素混匀，建堆发酵，堆底宽 2 米、高 1.5～1.6 米，长度根据需要而定。堆好后在料堆上用木棍打孔到底，上面覆盖塑料薄膜，当料堆发酵温度达 60℃时及时翻

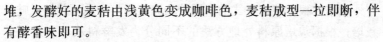

堆，发酵好的麦秸由浅黄色变成咖啡色，麦秸成型一拉即断，伴有酵香味即可。

配方五：稻草84%，麸皮（米糠或玉米粉）5%，牛粪5%，石膏粉2%，石灰3%，复合肥1%，pH 8以上，含水量65%～70%。

配制：选用无霉变的稻草，铡成3厘米左右的短截，在3%石灰水浸泡1天，浸稻草的水每次浸泡时必须新添加石灰。将稻草捞出，摊开约20厘米厚，然后撒上牛粪粉、麸皮、石膏粉、复合肥，牛粪粉要提前几打碎喷水预湿，这样一层稻草一层铺料建堆，堆底宽2米、高1.5～1.6米，长度根据需要而定，堆好后在料堆上用木棍打孔到底，上面覆盖塑料薄膜，当料堆发酵温度达60℃时及时翻堆，翻堆时要把辅料与稻草混合均匀，做到各种辅料在稻草中分布均匀。

配方六：玉米秆80%，棉籽壳10%，麸皮5%，石灰3%，磷肥2%，pH 8以上，含水量65%～70%。

配制：先将玉米秆粉碎成1～3厘米长短不等的短节，放入池中用3%石灰水浸泡1天，捞出后与棉籽壳、麸皮、磷肥拌匀建堆发酵，堆底宽2米、高1.5～1.6米，长度根据需要而定，堆好后在料堆上用木棍打孔到底，上面覆盖塑料薄膜，当料堆发酵温度达60℃时及时翻堆，每隔1天翻1次堆，翻堆两次，发酵期间如发酵料水分不够需继续补水，发酵好的玉米秆由白色或浅黄色变成咖啡色，培养料松软有弹性，伴有酵香味即可。堆料发酵时要注意培养料的湿度，培养料不可过干也不可过湿，过干发酵料容易霉变，过湿容易产生厌氧发酵，影响到草菇菌丝生长。

四、栽培模式

草菇栽培有多种模式，根据栽培场地的不同分为室内栽培和室外栽培；根据栽培方式的不同分为床架栽培和地面栽培或畦式栽培；根据栽培原料处理方法的不同分为发酵料栽培和熟料栽培；不同栽培模式间可以相互结合，灵活应用，但也有严格的限定，如室内栽培可采用床架发酵料栽培或熟料袋栽，发酵料一般仅用于床架、地面或畦式栽培，不能用于袋栽，床架栽培一般不用熟料栽培。因此，不同栽培模式对草菇菌丝体培养和出菇管理有不同的具体要求，在栽培过程中要灵活应用。

（一）室内熟料袋式栽培

袋式栽培是采用聚乙烯塑料袋装料经过高温灭菌，以熟料方式栽培草菇的一种新方法，单产较传统的堆草发酵栽培法增产1倍以上，生物学效率可达 35%～40%。栽培原料可选用上述 6 个配方其中的一种，或几个配方重新组合成新配方也行，如配方二和配方三可组成新的配方如下：豆秸 30%，废菌料 30%，麦秸 20%，牛粪 10%，麦麸 5%，石膏粉 2%，石灰粉 3%，pH8，含水量 65%～70%。

栽培技术过程如下：

1. 装袋 选用 20 厘米×45 厘米×0.04 厘米的聚乙烯塑料桶袋，塑料桶袋不宜太薄，否则装袋时材料易把袋撑破或扎破。装袋前栽培料必须充分拌匀，袋的一端用线绳扎紧，把拌好的培养料装入袋中，边装料边压紧，每袋装料湿重约 2.3 千克，装至离袋口约 3 厘米，用线绳将袋口扎紧即可。装料不要太满，否则不易封口或使袋口开裂。

2. 灭菌 料袋全部装完后应立即装入灭菌锅进行灭菌，根据条件可采用高压或常压灭菌。采用高压灭菌时注意一定要把锅内的冷气排除干净，当压力达到 $9.8×10^4$ 帕以上后开始计时，并保持此压力之上 2.5 小时，然后停止加热，自然冷却，待压力下降到零后，再开锅取出料袋。采用常压灭菌时，装锅后先用猛火加热，使锅内温度迅速达到 100℃，并保持 100℃ 8 小时以上，停火后再闷锅 3 小时，灭菌效果更好。灭菌结束后取出料袋搬入接种室准备接种。

3. 接种　出菇菌袋由于量大，可能不适于在接种间操作，应选择一个更大的房间作为接种室，房间的消毒处理可参照第一章第二节有关部分的要求去做。

接种时，先用干净的抹布沾上 0.1％高锰酸钾或者是 1％克霉灵水剂把栽培种袋擦洗干净，然后打开栽培种一端的袋口，去掉袋口表面约 1 厘米厚的菌皮，由于这层菌皮在栽培种较长时间的培养过程中易脱水发干，如果接种出菇袋后，菌丝的萌发力和生长势都较差，因而这层菌皮应废弃不用。

菌袋两头都要接种，接种时可一人独立操作，也可两个人配合进行。一人独立操作时，先用 75％酒精棉球擦洗干净双手，打开菌袋袋口，取核桃大一块栽培种，稍揉碎后放在出菇袋表面，重新扎好绳子但不要扎得太紧，让袋口少留有点空隙，有利于透气，然后反转袋口解开另一端的扎绳，按同样方法快速接入菌种，再扎好绳子即可，两个人配合接种时，一个人负责开出菇袋口和套圈，另一个人负责从栽培种袋里取菌种和往出菇袋里放菌种，两个人要配合密切，开袋与取菌同时进行，打开袋口的同时正好菌种也取出能及时放入袋内。不要开袋过早等菌种，也不要过早取出菌种等开袋，尽量缩短开袋后和菌种在空气中的暴露时间。这样反复进行，接完一袋再接另一袋，一般一袋栽培种可接出菇袋 30～35 袋。接种过程中如菌种掉在地上，不能再拣起放入菌袋内。

4. 发菌　将接上菌种的菌袋移到培养室，堆放在地面上或排放在培养床架上，培养室内温度控制在 28～30℃为宜，虽然草菇菌丝生长能耐 35℃以上的高温，但是，发菌时略低的环境温度有利于菌丝的健壮生长。接种后第二天，菌丝开始萌发"吃料"，当菌袋菌丝吃料超过 2 厘米时，应将袋口扎绳放松一些，让袋口出现一点空隙，使袋内的二氧化碳逸出，外界空气中的氧气进入，有利于菌丝的生长。在适宜条件下，通常 13～15 天菌丝就可以长满全袋。

在培养过程中，要定时检查菌袋内菌丝的生长情况，首先要看菌丝是否萌发，在 28～30℃ 条件下，一般在第二天菌丝就会萌发，第三天就可看见萌发出的菌丝，如果看不到菌丝，可能是漏接了菌种，要及时补接菌种。第二要看菌丝是否"吃料"，菌丝萌发后应首先在袋口向四周扩展，接着向袋内生长，如果菌丝不"吃料"，也没有污染，仅在菌块上形成絮装的菌丝团时，说明培养基 pH 太高或含水量太大；如果菌丝萌发后又出现"退菌"现象，即菌丝不仅不向四周扩展，就连菌块上的菌丝也越来越少，而菌块周围又没有污染时，说明培养基 pH 太低或者是通气性差。

菌袋质量指标主要从菌丝纯度、菌丝长势、菌丝色泽以及有无虫害等几方面来鉴定。

纯度：主要看袋内是否污染及污染的程度，如果在菌袋壁上、袋口或菌种旁出现绿色、黑色、黄色或其他不正常色泽的斑点，说明培养料已受到污染，应及时拣出，在室外把斑点挖掉埋入土中，剩下的部分倒出，重新调整水分和 pH 后，再装袋、灭菌、接种。若菌袋全部或大部分污染时，肯定不能用，要及时搬到室外深埋处理。若菌袋一头污染，而另一头菌丝很好时，则可把污染的切掉，留下好的还能出菇。

长势：主要看菌丝的生长速度和粗细，凡是菌丝生长均匀、粗壮的为好的出菇袋，菌丝生长慢且稀疏的为差出菇袋。

色泽：菌丝生长初期为透明色，但随着菌丝的生长，草菇锈红色的厚垣将逐渐布满菌袋表面，这是草菇的一个显著特点。

虫害：培养室发生虫害时，一般是由室外的虫源侵入造成的，对此千万不可大意，应立即采取措施，对培养室附近的虫源进行灭杀，门窗要安装纱窗阻止害虫的进入，培养室内虫害可采用灯光诱杀，若虫害严重时，即部分菌袋出现了"退菌"现象，

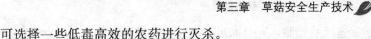

可选择一些低毒高效的农药进行灭杀。

5. 出菇　出菇管理分为出菇前管理和出菇后管理两个阶段，要采取不同的管理措施。

（1）出菇前管理

①摆放菌袋：出菇前先把菌袋排放于床架上或按墙式堆叠，墙式堆叠方法是按间距1米的距离，把砖平铺在地面上，菌袋一层一层地摆放在铺好的砖面上，就像垒墙一样，一般称之为"菌墙"。摆放菌袋时，注意要把菌袋摆放平整，不要倾斜，否则易倒塌，一般可摆放10层左右。

②地面灌水：菌墙建成后，要及时将菇房空气相对湿度提升至90%左右，可采取向菇房地面灌水，或者向墙壁、空中与菌袋喷雾状水的办法增加空气湿度。通过地面灌水后，地面吸收了大量水分，依靠水分的蒸发作用，空气湿度得到快速提升，为了稳定湿度，应每天向地面灌水，保持地面的湿润。

③增加光照：适度的光照刺激有利于草菇原基的分化产生，有光比黑暗条件下可提前15～20天产生原基。在菌丝发满菌袋，进入出菇阶段后，要适时地增加光照，促进原基的产生。光照时间为自然状态，即白天有光照就可以，到了黑夜就不需要再人工补光。需要的光照度并不大，一般有自然散射光的光照度即可，短时间的强光直射，也不会抑制原基的分化产生，但是，强光直射的时间不宜太长，否则，在强光的直射下，菌袋表面的水分易过快地蒸发，造成菌袋脱水，反而不利于原基的分化产生。

④减小温差：草菇对温度的剧烈变化非常敏感，温度不能降得太快或太低，如果温度降得太快，会使菌袋中已产生的原基，因承受不住剧烈的温度变化而死亡。如果温度降得太低，会使菌袋中已产生的幼嫩原基，因抵抗能力差而影响发育，因此，出菇期间要尽可能地保持温度的恒定，在白天要适当地控温，晚上要采取保温措施，使温度维持在较高水平。

（2）**出菇后管理**　出菇后的管理重点是综合调整温度、湿度、通风及光照，充分满足子实体生长发育对各项环境条件的要求。在正常管理条件下，草菇出菇期为 30 天左右，可出 3～4 潮菇。由于各潮菇的出菇情况不同，随着菌袋内培养料水分与养分含量的降低，应采取不同的管理措施。

①第一潮菇管理：草菇第一潮菇的产生比较集中，各个菌袋间出菇的先后时间相差不大，因此在菌墙上会看见密密麻麻的菇蕾，一般第一潮菇的产量要占到其总产量的 50% 左右，所以第一潮菇管理的好坏，对产量高低起着重要的作用。

第一潮菇管理应把握好以下几点。

温度管理：草菇子实体在 23～38℃均可生长，但是在不同的温度条件下，生长的质量有很大的差别。子实体生长发育适宜温度为 28～30℃。在 25℃ 以下，子实体生长缓慢，在 22℃ 以下，子实体生长更加缓慢，由于温度太低，菌丝的生理活性和子实体吸收养分的能力都大大降低，出现了生理性的营养不足，因而易发生幼小菇蕾的死亡；在 30℃ 以上，子实体生长速度明显加快，外菌幕脱落快、易开伞，菇形品质下降。在 28～30℃ 的生长适温，子实体匀速生长，菌盖大小适宜、厚薄均匀、不易开伞，菇形品质优良。因此根据子实体生长对温度的要求，在管理上应对温度的变化，采取及时合理的调控措施。

湿度和水分管理：草菇原基分化要求空气湿度在 90% 以上，原基分化出现后子实体生长的适宜空气相对湿度在 85% 左右。子实体生长期间，保持湿度与水分是一项重要的管理技术，湿度与水分调控要通过喷水措施来实现，喷水时要综合温度、湿度、通风情况灵活应用并注意以下几点。

一是喷水工具必须用喷雾器，喷雾时要顺着走道边走边喷，喷头应与菇体保持一定的距离，并且喷头要在摇动中来回、上下喷雾。切忌用水管直接喷洒在菇体上。

二是原基初露、菇体幼小时严禁喷重水，手拿喷雾器顺着走道过一次即可。随着菌盖的逐渐展开长大，可适量地加大喷水量。

三是菇房内温度高、湿度低时，应增加喷水次数，但不宜喷重水。要"轻喷"、"多喷"，即每次"轻喷"一点，可以"多喷"几次，一般每天至少要喷3次，即上午、中午、下午各一次，晚上可根据情况补喷一些或不喷。

四是菇房内温度低、湿度大时要少喷或不喷。在低温下，由于水分蒸发慢，喷水后水分滞留在菇体上的时间长，易产生水渍菇，如果喷水量大时，还易产生烂菇或死菇。

五是晴天光照强时要多喷，阴天与下雨天时要少喷或不喷。大多数晴天情况下，空气的相对湿度都较低，因而菇体上的水分挥发也较快，所以需要多喷水，但也要掌握轻喷的原则，不要一次喷水太重。阴天或下雨天时空气的相对湿度大，菇体上的水分挥发自然较慢，因此基本上不需要喷水，如果菇体较干时，可适量地轻喷一次水。

六是遇到大风天气时需要多喷水，尤其在我国的西北和华北地区，大风天气条件下，空气的相对湿度较低，菇体的水分散发很快，因此根据菇体的水分情况，需要适量地多喷水。

通风管理：通风时间、通风次数和通风量，要根据外界气候条件与菇房内的温度、湿度变化情况灵活掌握，并与喷水措施结合协调进行。在菇房内温度高、湿度低的情况下，应加大通风量，同时适当增加喷水量，一方面可以有效地降低温度，另一方面可保证菇体表面的湿润。应先向菇房的墙壁、地面、菇体及空中进行喷水，喷水后再开始通风，对降低温度有很好的作用，同时会带走大量喷水时积聚在菇体表面多余的水分。目前建造的温室菇房，都设置有通风口，因此可在通风口处加挂湿帘。或在通风口处多喷些水，使通风口处经常保持湿润的状态，对降温和保湿都有好处。

光照管理：草菇子实体生长发育过程中，并不需要太多和太强的光照。在弱光下，子实体的色泽较浅，缺乏光泽，表现为浅灰色；在散射光照下，子实体的色泽稍加深，有光泽，表现为灰褐色，色泽自然好看。在直射光照下，光照时间越长或光照度越大，子实体色泽越深，表现为褐色；因此，从子实体的色泽表现来讲，光照太弱或太强都不好，以保持自然散射光照最好。

采收管理：从现蕾至破苞开伞时间很短，必须及时采收，否则就会开伞烂掉，在适宜的温度条件下，从原基出现到采收的时间为3天左右，一般在菌蛋呈卵圆形、菌膜包紧、外菌幕未破裂前、菇质坚实时采摘品质最好。在高温条件下草菇生长迅速，应每天早晚各采一次。采收时采大留小，采大菇时注意不要伤及小菇，当大菇和小菇基部靠得很近时，不要在采大菇时把培养料带起，伤及小菇柄基部的菌丝体，否则会影响小菇的生长发育。

②第二潮菇的管理：第一潮菇采收完后，菌丝体经过休养生息，4~5天时间会出现第二潮菇。为了使第二潮菇能够顺利产生，应采取以下几项措施。

A. 清理料面：采收完第一潮菇后，要把菌袋表面残留的死菇、菇根等清理干净，不要让死菇、菇根烂在菌袋上，否则会引起细菌或霉菌的污染，以及虫害的发生。清理料面时，用锯条或木片轻轻地刮掉死菇和菇根，把料面清理干净即可。

B. 补充营养：采收完第一潮菇后，应及时补充培养料中所缺的养分和水分，在生产上一般是直接配制成营养液喷施。营养液配方与配制及使用方法与蘑菇用营养液相同，可参照去做。

C. 催蕾：菌丝在经过几天的休养生息后，已集聚了出菇的能量，按照第一潮菇的管理方法，综合调整温度、湿度、通风及光照，使之协调一致，满足第二潮菇生长发育对各项环境条件的要求，一般第二潮菇的产量可占到总产量的20％左右。

③后期菇的管理：第二潮菇结束后，即进入后期菇的管理，与第一、第二潮菇相比，后期菇的管理难度更大，其原因是在第一、第二潮菇的生长发育中，已消耗了菌袋中培养料的大部分养分和水分，特别是第二潮菇后，菌袋内培养料缺失的水分更多，

在这种情况下，实际上菌袋的出菇能力已非常低。目前，在生产上采用把菌袋放入阳畦中出菇的方法效果较好，可以提高后期菇的产量，一般增产作用可达到 15％左右。但是，这种方法存在着占地面积大，费工费时，比较麻烦的缺点，有条件的地方可以选择采用，具体操作过程如下。

A. 挖沟做畦：一般畦宽 1～1.2 米、深 0.15～0.2 米，长度依实际情况而定。如果在温室菇房不宜挖沟做畦，也可在田间做畦，首先选择无污染、干净清洁的地块，根据菌袋数量，确定了大约需要的阳畦面积后，再开始挖沟做畦。

B. 摆放菌袋：阳畦做好后，把菌袋紧密摆入挖好的阳畦内。摆放菌袋时要求袋面间要平整，不要高低不平，摆放好菌袋后，开始向畦内充分地灌水，使土壤吸足水，土壤中的水分可以不断地供给菌丝生长的需要，同时土壤中的某些物质刺激了菌丝活性的提高，土壤中存在的一些营养物质也可以被菌丝利用，为子实体产生创造了适宜的环境条件。

C. 出菇管理：在正常的管理条件下，约 5 天就会陆续有菇蕾出现，出菇后采用雾化水喷水管理，喷雾器的喷头至少要距覆土层 30 厘米，避免喷雾器的水压太大把泥土溅到菇体上，采摘后立即削去菇根。阳畦后期菇在温湿度适宜的条件下，可以有较长的出菇时间，陆续地有菇产生。但是随着出菇越来越少，没有继续管理的价值，到这时基本完成一次栽培周期。

（二）室内熟料压块式栽培

熟料压块式栽培原料配方及配制处理采用与熟料袋式栽培相同的方法，栽培技术过程如下。

1. 压块 首先做几个方形木框或铁框，长、宽、高规格为50 厘米×30 厘米×20 厘米（图 3-3），在框上放 1 张塑料膜，塑膜长、宽为 150 厘米×120 厘米，把发酵好的培养料装入框内，压实盖好薄膜，提起木框，便做成块。

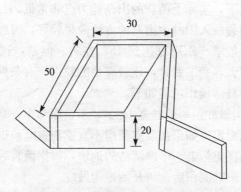

图 3-3 压块模框（单位：厘米）

（引自李志超等，1999）

2. 灭菌 把制好的菌砖块放在灭菌架上，或者在灭菌锅附近就地摆放，用塑料布完全覆盖严实，不要漏气，然后把锅炉的蒸汽通过管道通进去，进行常压灭菌，当塑料布鼓起来后开始计时，保持 8～10 小时，停火后不要急于卸膜，再闷 3～4 小时灭菌效果会更好。

3. 接种 灭菌后把菌砖块搬入经过消毒处理的出菇房，冷却至料温在 30℃左右时进行接种，接种时打开薄膜，把菌种撒播在菌砖表面，重新盖上薄膜即可。

4. 发菌 接种后把菌砖按品字形放在菇床架上或就地摆成品字形培养发菌，品字形摆放时菌砖块要一个压一个，并使相互间留有 15 厘米的空隙，以利通风，防止菌砖发热影响菌丝生长。发菌培养 7 天后，当菌丝在菌砖内和表面将菌砖全部"包裹"起来后，准备出菇。

5. 出菇 出菇前先卸掉菌砖外包裹的塑料膜，仍然按原样摆成品字形，保持空间空气湿度在 85%～95%，在菌砖上喷稍许的雾状水，促进原基的生长发育，现蕾后 3 天就可采菇。第一潮菇采完后，可以按上述袋式栽培的第二潮菇和后期菇的管理方法进行，直到结束，整个栽培周期为 30～35 天，可采 3～4

茬菇。

（三）室内熟料筐式栽培

熟料筐式栽培完全类似于压块式栽培，是一种采用塑料筐或铁筐装料、培养发菌，直接在筐内出菇的一种栽培方式，比压块式简便、易操作、更便于机械化作业，工厂化栽培，但投资较大。塑料筐或铁筐长、宽、高为45厘米×45厘米×20厘米，筐边网格大小为8厘米×8厘米，网格不易太小或太大，可以与生产厂家定制。

栽培技术过程栽培原料的选用和预处理与上述熟料袋栽的要求一样。培养料处理好后装入筐中，培养料要压紧实，培养料装好筐后层层叠放，可采用与压块式灭菌一样的灭菌方法进行。

灭菌后搬入已经消过毒的出菇房，自然冷却到30℃进行接种，接种采用点播与散播结合的方法，菌种掰成大拇指般大小放在料面下5厘米处，每隔10厘米点播一穴，点播完后再在料面均匀地撒上一薄层菌种，再用木板轻轻压实，然后用塑料膜覆盖，放在出菇床架上或就地摆放发菌。也可以不用每一筐都覆盖塑模，在接种后先采用与菌砖块一样的品字形摆放方法，摆好后再整体罩上塑膜进行发菌培养。7天后当菌丝在筐内布满时，卸掉塑模进行出菇管理，管理方法与菌砖式栽培基本一样。

（四）温室床架二次发酵栽培

温室内层架立体发酵料栽培（图3-4）草菇采用的是与蘑菇栽培基本一样的方法，但稍有区别。一是发酵时间较短，栽培料先在室外发酵5~7天，移入菇房床架上再发酵2~3天即可，整个发酵时间比蘑菇栽培料少一半以上。二是接种后，不需要覆土也能出菇，而蘑菇必须覆土，不覆土就不会出菇。

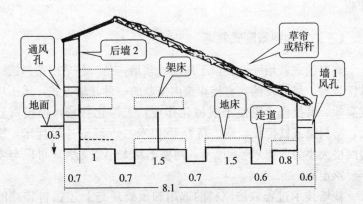

图 3-4　温室结构与栽培床架、地床示意图（单位：米）

（引自杨国良等，2003）

　　发酵料栽培的原料可采用与熟料一样的配方，二次发酵结束后室温与料温都降到 30℃时接种。采取点播和散播相结合的接种方法，接种后用木板轻轻压实，然后用塑料膜覆盖发菌。7 天后当菌丝在床架上栽培料内布满时，卸掉塑模进行出菇管理，管理方法与其他栽培方法基本一样，可参照去做。

（五）畦式发酵料栽培

　　畦式发酵栽培是一种传统的栽培方法，畦式栽培可在温室内挖沟做畦，也可在农田休闲地挖沟做畦，畦上再搭建圆形塑膜小拱棚，小拱棚长宽与畦一样，高为 80～100 厘米。棚架用细竹竿或毛竹片，相互间距为 0.3～0.4 米，其上覆盖塑料薄膜，小拱棚有很好的增温保湿作用，是一种成本低廉，简便易行的生产模式。

　　栽培技术过程如下：

　　1. 挖沟做畦　一般做成畦宽 80～100 厘米、深 40 厘米（图 3-5），长依据地形而定。畦底表面做成龟背形，中间稍高，两边略低，用脚踩实，以免浇水后下陷。如果选择在农田休闲地挖沟做畦，应选择场地平整，土质松软，排水良好，用水方便，靠近路边的地块，在四周挖一条 30 厘米深的排水沟以利排水。

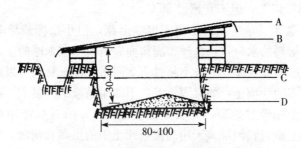

图 3-5 阳畦刨面图（单位：厘米）
A. 塑料膜 B. 竹片 C. 排水沟 D. 龟背形池底
（引自李志超等，1999）

2. 备料发酵 栽培原料可选用上述 6 个配方其中一种，或几个配方重新组合成新配方也行，如配方五和配方六可组成新的配方：稻草 40％，玉米秆 40％，麸皮（米糠或玉米粉）5％，牛粪 7％，石膏粉 2％，磷肥 2％，石灰 3％，复合肥 0.5％，pH 8 以上，含水量 65％～70％。

配制：按照配方五和配方六的配制方法进行。先将稻草，玉米秆粉碎成 1～3 厘米的短节，放入池中用 3％石灰水浸泡 1 天，捞出后与牛粪粉、麸皮、磷肥、复合肥拌匀建堆发酵，堆好后在料堆上用木棍打孔到底，上面覆盖塑料薄膜，当料堆发酵温度达 60℃时及时翻堆，每隔 1 天翻 1 次堆，翻堆两次，发酵期间如发酵料水分不够需继续补水，发酵好的玉米秆由白色或浅黄色变成咖啡色，培养料松软有弹性，伴有酵香味即可入畦铺料。

3. 铺料播种 铺料与播种同时进行，先在畦底铺 10 厘米厚的料，沿畦边缘撒 1 层菌种，撒种量占整个播种量的 1/3，然后再铺 9 厘米厚的料，把剩余的菌种全部均匀地撒在料面上，再铺上 1 厘米厚的料，最后压平，把小拱棚上的塑料膜拉下来覆盖保温保湿，促进菌种萌发"吃料"。

4. 发菌管理　接种后需每天掀开小拱棚的塑膜增氧促进菌丝"吃料"，小拱棚内的温湿度较高，在发菌期间要注意保持料温在 28℃以上，但不宜超过 35℃。

5. 覆土　草菇栽培不覆土也能出菇，但小拱棚栽培时为了保持栽培料的水分，当菌丝布满料面后需覆 1 厘米厚的土，注意覆土厚度不能太厚，一般不超过 1.5 厘米。覆土材料可以选择含有机质多的沙壤土，如菜园土等，不能用易板结的黏土。覆土前要把覆土先经过处理，方法是把覆土与 1‰ 的石灰拌匀堆积成堆，盖上塑料膜闷堆 2 天用高温杀死土中的虫卵和病菌，然后摊开晾晒 3 天，覆土前再加水拌匀，水分不要太大，以用手捏土能成团，掉在地上能散开为宜。

6. 出菇管理　覆土后要保持土壤的湿润，每天喷水几次，喷水要少喷勤喷，不要把土喷成泥糊状。温度要尽可能保持恒温，防止温度的急剧变化，覆土 3 天后小菇蕾就会出现，出菇后注意喷水要少喷勤喷，不要喷洒重水，以免造成幼菇死亡，出菇 2～3 天后就可采收，采收时注意不要把泥土带起太多。第一潮菇后，结合喷水喷洒营养液有利于促进第二潮菇的产生，提高第二潮菇产量。管理得好可出 3 潮菇以上，生物学效率在 30% 左右。

（六）玉米地垄式栽培

玉米地垄式栽培是一种在玉米地间作套种草菇的栽培技术，主要优点是提高了土地利用率，有促进玉米增产的作用，可以获得玉米和草菇的双丰收，栽培技术过程如下。

1. 种植玉米　玉米播种行距宽 66 厘米，株距均为 25 厘米。选择适宜当地的植株高大的高产玉米品种，适期播种。

2. 开沟做畦　在玉米植株拔节前开沟做畦（图 3 - 6），采用一行做畦、一行做沟的方法；畦底宽 50 厘米、深 20 厘米；沟底宽 20 厘米、深 10 厘米。做好后，畦边拍实，畦底整平。

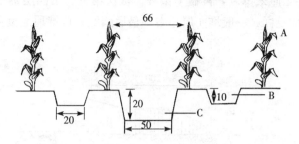

图 3-6 玉米地套种草菇示意图（单位：厘米）

A. 玉米 B. 排水沟 C. 铺料床畦

（引自李志超等，1999）

3. 栽培草菇 可以采用熟料袋栽和发酵料地栽两种方式。

熟料是先在室内制作好菌袋，当玉米植株拔节后高度达到 1.5 米以上时，把培养好的菌袋脱去塑膜摆放于畦内，脱袋时尽量不要把菌料弄散，破坏菌丝结构，脱袋后将菌筒整齐地排在沟中，然后用土覆盖，上面再用草帘盖好，用清石灰水于中午喷洒在草帘上，保持草帘湿润，一般 5～7 天即可出菇。

发酵料栽培是当玉米植株生长到 1.3 米时，开始配制发酵料，栽培料可采用前述的 6 个配方，发酵好后铺入垄沟内接种发菌，管理方法与畦式栽培基本一样。

（七）室外堆草式栽培

室外堆草式栽培是一种用稻草或麦秸栽培草菇的方法（图 3-7），栽培技术过程如下：

1. 稻草处理 选择一个空旷的休闲地，将备用的稻草或麦秸浸入石灰水中浸泡 1 天，让其充分吸收水分并使之软化。

2. 堆草接种 将浸泡过的稻草拧成麻花形，扎成草把，将草把基部朝外，穗部朝内，一把接一把地紧密排列在地面上，铺好第一层后，在草把面上向内缩进 3～4 厘米均匀撒一层米糠或麸皮，米糠周围撒一圈菌种。第二层草把按第一层铺草把的方法内缩3～4厘米排放，再撒上菌种。依次第三、第四层铺草撒种的方法均一样，一般堆4层左右，最后踏实，草堆顶上覆盖塑膜即可。

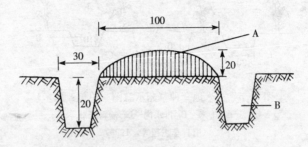

图3-7　堆草式栽培剖面图（单位：厘米）

A. 草堆菌料　B. 排水沟

（引自李志超等，1999）

3. 发菌管理　草堆初建成时较松散，不利于菌丝的生长发育。在发菌期前几天，应每天站在草堆上踩实，使草堆更踏实，有利于菌丝生长。发菌期间特别要注意观测草堆温度，若堆温过高，应掀开塑膜通风散热，散发草堆中产生的二氧化碳，并补充新鲜空气；若堆温过低，早晚可加盖草帘进行保温。发菌期间草把含水量应保持在65％左右，每天早、中、晚应各喷一次水。

4. 出菇采收　经过7～10天发菌期后，子实体会陆续从草堆上发生，3天后即可采收，采收应及时，每天早晚各采收1次，否则包被破裂，影响质量，堆草栽培可采收4～5潮。

第四节　草菇栽培常见问题的处理

一、菌丝生长异常的防治措施

（一）菌丝萎缩

1. 菌丝萎缩的原因　草菇播种后菌丝未萌发或不向料内生

长，菌丝逐渐萎缩，以下几点需要注意。

（1）高温烧菌 当培养料内的温度长时间超过 45℃时，就会使菌丝萎缩死亡。

（2）药物影响 草菇对农药十分敏感，播种后，有的菇农为了防病杀虫会喷洒农药，致使菌丝因药害而萎缩。

（3）缺氧窒息 培养料含水量过高（超过 70%）或塑料薄膜覆盖过严，使草菇菌丝因缺氧窒息而萎缩。

（4）氨气危害 培养料内的尿素添加过量或田内化肥含量过高，挥发出来的氨气散发不了，对草菇菌丝造成危害。

（5）菌种低劣 菌种的菌龄太短或太长，生活力弱，抗逆性差，在环境条件不适宜的情况下发生萎缩。

（6）温差过大 草菇的菌丝对温差较敏感，如白天气温在 32℃以上，夜间温度在 28℃以下，喷水后即会发生菌丝萎缩。

（7）发生虫害 培养料中出现害虫，由于害虫的咬食，致使菌丝萎缩。

2. 菌丝萎缩的预防 草菇的生长周期短，发现菌丝萎缩时，应及时找出原因，采取有效措施，并补种新种，以减少不必要的损失。具体措施有：

（1）防止温度过高 露地阳畦栽培时，最好搭简易的遮阴棚，防止中午高温时烧坏菌丝。堆制培养料的过程中，料温达到 75℃左右时，翻堆两次。进床时铺料的厚度视季节而定，早春及晚秋温室栽培时铺料宜厚一些。

（2）不用农药 防治病虫要在处理原料时就办妥，播种后不能再向料面施药。

（3）水分要适当 播种时培养料的含水量 62%左右，以用手紧握料有 1～2 滴水珠从指缝中渗出为度。在培养料水分及气温偏高的情况下，应将覆盖在料面上的薄膜撑起些，以利通气。

（4）预防氨害　尿素的添加量不能超过 0.2%，而且要在堆料时加入。

（5）选用优质菌种　草菇菌种以菌龄在 15～20 天，菌丝分布均匀，生长旺盛整齐，菌丝灰白有光泽，有红褐色厚垣孢子，无杂菌、无虫螨为好。菌龄超过 1 个月的菌种不宜使用。

（6）依温度用水　培养料的调水，要根据当时的气温灵活掌握，喷水的水温要与气温基本一致。

（7）搞好环境卫生，注意防虫　栽培场地要远离畜禽圈舍，材料要干净无霉变，用前暴晒 2～3 天。菇房彻底消毒，以杜绝虫源。

（二）菌丝徒长

在发菌阶段，当料面出现大量白色绒毛状气生菌丝时即为菌丝徒长。菌丝徒长后，不能及时转入生殖生长，现蕾推迟，成菇少，产量低。菌丝徒长是由于通气不良致使料床温度升高、湿度大、二氧化碳浓度高，刺激了菌丝徒长。

预防菌丝徒长可采取在料面覆盖塑料薄膜，2～3 天后根据菌丝生长情况，白天定期揭膜，适当通气和降温、降湿，促使草菇菌丝往料内生长。

二、菇蕾生长异常的防治措施

（一）菌种退化

草菇菌种无性繁殖的代数和转管培养的次数过多，栽培种菌龄过大、菌种老化、生活力下降，影响养分的积累，第二潮菇现蕾后因养分不足而萎缩死亡。为防止这种情况发生，可用草菇幼龄菌褶分离菌种，斜面扩大繁殖培养不要超过 3 代，栽培菌种的菌龄应控制在 1 个月以内。

（二）感染杂菌

发生虫害用已霉变的稻草等原料作培养料，在不清洁的场地栽培，会导致害虫大量发生，尤其是棉籽壳栽培草菇，螨类发生后料内的菌丝会很快消失，使床面幼菇全部死亡。在草堆内加3%茶籽饼粉或0.2%敌百虫溶液，能起到防治害虫的效果，草菇对农药很敏感，当菇蕾出现时，切忌使用农药。

（三）温度骤变

草菇菌丝生长和子实体发育对温度有不同要求，一般结菇温度在30℃左右。但寒潮来临，气温急剧下降，或盛夏季节持续高温会致使小菇成批死亡。因此，遇寒流要尽量采取保温措施，盛夏酷暑要选择阴凉场地堆料栽培，料上加盖草被并多喷水，堆上方须搭棚遮阴。

（四）水温不适

草菇对水温有一定的要求，如喷20℃左右的井水或喷被阳光直射达40℃以上的地面水，到第二天小菇会全部萎蔫死亡。喷水要在早晚进行，水温30℃左右为好。草菇的生长需要大量的水分，若建堆播种时水分不足或采菇后没有及时补水会导致小菇萎蔫；草被过薄保湿性能差，也会导致小菇萎蔫。播种后待菌丝长满形成针头菇前，如水分不够，可补一次重水；头潮菇结束后要补足水分，晴天草被要喷水防止料内水分蒸发。

（五）通气不畅

草菇是高温型好气性真菌，生长发育过程需要足够的氧气。在栽培过程中为了提高堆温，有时薄膜覆盖时间过长，使料堆中的二氧化碳过多而导致缺氧，小菇因通气不良，排气不畅，难以正常长大而萎蔫。播种1～4天内，要注意每天通风半小时，随着菌丝量的增大和针头菇的出现，要适当增大通气量。

（六）pH 低

草菇菌丝适宜在偏碱性的栽培料中生长，酸碱度在 pH 6 以下不利于子实体生长发育，采完头潮菇后可喷 1％石灰水或 5％草木灰水，以保持料堆的 pH 在 7.5 以上。

第四章

蘑菇、草菇产品加工技术

　　蘑菇、草菇销售国内市场以鲜菇为主，国际市场则以罐藏、速冻及干制品等加工产品为主。目前，我国蘑菇、草菇年产量占世界总产量的15％左右，出口量达到30万吨，居世界第一位，是我国食用菌传统出口创汇的最大品种。因此，提高蘑菇、草菇的加工能力，保证产品质量，是实现增产又增收的主要途径。

　　蘑菇和草菇成熟后子实体极易开伞或变色，尤其是草菇一旦开伞或变色商品质量就会明显降低。因此，在蘑菇、草菇出菇期必须及时采收、及时保鲜、及时加工。蘑菇和草菇虽然在不同季节栽培，但其保鲜、加工技术原理与方法是一样的，保鲜技术主要有低温保鲜、气调保鲜、辐射保鲜等，加工技术则有干制、速冻、盐渍、罐藏等。各项技术工艺操作应在环境良好的情况下进行，同时，必须选择正确的无害化加工方法，特别要注意以下几点：

　　在对鲜菇的保鲜中，不得使用甲醛溶液等化学防腐剂处理菇体，由于蘑菇、草菇菇体有很强的吸水性，甲醛溶液一旦被菇体吸附后结合于菌肉组织中，不宜再挥发，也不宜冲洗干净，因而对人体将产生极大的毒害副作用。

　　在干品的干制中，不得使用硫黄等熏蒸菇体，由于蘑菇、草菇菇体的结构组织较疏松，气孔开张大，硫黄熏蒸时产生的硫化物很容易被菇体吸附后结合于菌肉组织中，同样对人体有较大的毒害副作用。

　　在盐渍品加工中，不得使用不符合卫生标准，杂质含量高，含有对人体有害的重金属的工业盐或私盐。也不能添加过量的苯甲酸或苯甲酸钠等防腐剂，盐渍用水应符合《生活饮用水标准》（GB 5749—1995）。

第一节 保鲜技术

一、低温保鲜技术

根据蘑菇、草菇采收后生理生化的变化特点，通过在低温环境条件下（0～2℃）抑制菇体内新陈代谢的活动和致腐微生物繁殖，采用物理的而非化学的保鲜方法，使菇体的生命活动处于下限状态，抑制其后熟进程，降低呼吸代谢强度，防治微生物侵害，可在一定时间内保持鲜菇的新鲜度、色泽和风味。

（一）保鲜原理

蘑菇、草菇子实体在生长期间，菇体的新鲜度是靠其合成代谢与分解代谢的偶联进行来维持的，合成代谢即同化作用为分解代谢提供物质基础，分解代谢即异化作用又为合成代谢提供原料和能量，两者同时交错地进行，从而保证了子实体的正常生长和菇体的新鲜。当鲜菇采摘后，菇体不能再从菌袋中吸取养分和水分，合成代谢也便停止，但是菇体内的分解代谢却并未停止，仍在通过呼吸作用进行着一系列复杂的氧化还原过程。在这一过程中，菇体不断吸收外界的氧气，同时又不断地排出二氧化碳，并散失大量的水分，致使菇体的新鲜度不断下降。呼吸作用越强，氧化还原过程越快，菇体的新鲜度就越差。

具体分析，影响菇体鲜度下降的有内外两种因素。

1. 内在因素 内在因素即指本身的理化结构和含水率，以及是否带有病菌，这是决定保鲜质量和保鲜期的主要因素。一般来讲，养分含量低，组织结构致密，含水量低，不带病菌的物质易保藏且保藏期长。而蘑菇和草菇菇体是具有高营养的物质，组织结构较疏松，含水量高达 85%～90%，且菇体表层薄，极易碰伤被病菌感染。因此，蘑菇、草菇远不如水果类或蔬菜类等易于保鲜，比香菇、白灵菇等菌类的保鲜难度大。

2. 外界因素　外界因素主要是指菇体保藏的温度和暴露程度。温度对菇体的影响表现在：在一定的温度范围内，温度越高，呼吸作用越强，菇体内消耗的养分越多，同时菇体内会产生褐变等一系列的生化反应，各种微生物的活动增加等，就越不利于菇体的贮存，保鲜期就越短。当温度降低时，呼吸作用将逐渐减弱，养分的消耗较少，微生物的活动与侵染几率降低，保鲜的质量效果好，保鲜期也可延长。暴露程度对菇体的影响直接表现在水分散失的快慢上，暴露程度越大，水分散失越快，保鲜的效果越差；暴露程度越小，水分散失越慢，保鲜的效果相对就好。

（二）保鲜条件

蘑菇、草菇鲜菇通过保鲜后的基本要求是不变质，同时要保持鲜菇的风味与口感。因此在保鲜过程中，既要保证菇体的营养与组织结构不发生大的变化，又要保持菇体含有一定的水分才能达到保鲜的目的与要求。由于蘑菇、草菇鲜菇采摘后，在常温和氧供应充足的情况下，菇体内的各种营养物质仍将在自身的呼吸作用下不断地发生变化，并失去大量的水分。故保鲜要满足低温、低含氧量和保持水分 3 个条件。目前，菇体普遍采用可渗气的塑膜保鲜袋进行包装，可有效地保持袋内的低氧量和菇体的水分，低温条件主要是根据实际情况选择冷藏柜、冷藏车、冷藏库或气调冷藏库等进行保藏。

（三）保鲜方法

低温保藏是食品通常采用的保鲜方法，蘑菇、草菇的保鲜也不例外，要求的保鲜温度在 $1\sim4℃$，并用塑膜包装。低温下不仅可以降低酶的活性和菇体的呼吸强度，而且可抑制各种微生物的滋生。通过塑膜包装后既可隔绝氧气的进入，又可防止水分的散失，从而延长了保藏期。

1. 采摘适期 采摘前不要向菇体喷水，否则菇体的含水量太大，不利于保藏。菇体的成熟度与耐贮性密切相关，采摘时以菇体在 $70\%\sim80\%$ 熟为宜，蘑菇在菌盖边缘稍内卷，部分膜片脱落时采收最好。草菇在蛋形期包被未破前采收为宜。采收太早，菇体幼嫩黏液物质多，且不利于高产；采收太晚，菇体成熟会使孢子大量散出，影响品质。

2. 菇体处理 蘑菇、草菇采收后，剪去菇脚，清理干净菇体，先摆放在筛网上，在阴凉处晾干 $1\sim2$ 小时，然后分级包装。

3. 包装材料

（1）保鲜袋 是一种用可渗气塑料膜制成的保鲜袋，它的优点是塑膜具有渗气调节的作用，可使袋内的氧气和二氧化碳处于平衡状态，抑制鲜菇的呼吸代谢，从而达到最佳的保鲜效果。

（2）塑膜袋 即用普通的低密度聚乙烯制成的塑膜袋，由于透气性差，易在袋内产生水结，保鲜效果比保鲜袋差。一般在袋上打几个通气眼，可改善袋内的通气状况。

（3）泡沫箱 用聚氨酯塑料泡沫制成，在箱内整齐地摆放装满鲜菇的保鲜袋，然后覆盖保鲜。

4. 保藏温度 鲜菇装袋后打包成箱，即可根据数量和需要放入冷藏车、冷藏库或气调冷藏库中进行保藏。保藏温度应控制在 $0\sim2℃$。

5. 保藏时间 在适宜的保藏条件下，保藏的时间以 3 天内最好，最长的保藏时间以不超过 5 天为宜。因为经过保藏后上市销售还需要一段时间，如果保藏时间太长，则可能会造成品质的下降，影响销售。

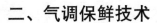

二、气调保鲜技术

采摘下的鲜蘑菇经漂洗分级后沥干水分，分装于通风的塑料箱中，或把鲜菇装入硅窗袋，调整袋内氧气和二氧化碳的浓度，使氧气浓度适度降低，二氧化碳浓度适当提高，在这种环境下，菇体生理代谢活动明显受到抑制，然后放入留有通气孔的包装箱内，运进冷库保鲜贮藏。

三、辐射保鲜技术

把经漂洗后的鲜蘑菇装于多孔聚乙烯塑料袋内，用一定剂量的^{60}Co射线照射，照射后贮藏。经照射的蘑菇水分蒸发少，失重率低，可明显抑制鲜菇褐变和破膜、开伞。辐射保鲜是食用菌保鲜的新技术，能较好地使菇体保持新鲜状态，无化学残留，节约能源，加工效率高，可连续作业，适宜自动化生产，与其他保鲜技术相比有许多优越性，是一种具有广阔前景的保鲜方法。

第二节 加工技术

一、干制技术

蘑菇、草菇干品可以贮藏较长的时间，适于远距离运输进行异地销售，扩大市场的占有率，尤其适于在山区或远离城市的菇农中应用。干品与鲜菇的食用性相比，干品再经水发后，韧性略增，食用也很方便，无论烹炒还是做汤都别有风味，尤其在炖鸡时加入更是美味佳肴。所以干制出高质量的蘑菇、草菇产品，也是供应市场的一种好的产品销售模式。

(一) 干制方法

把鲜菇按照一定的规格切成薄片，主要技术工艺过程为菇体去杂质、分级、切片、烘干、包装。

1. 日晒法 这是一种最简单易行的干制方法，把鲜菇去净杂质切片后摆放在筛网上，在太阳下晒干即可。该法的缺点是受天气好坏的影响很大，在干制过程中要注意随时收晒，千万不能让雨淋到菇体上，否则菇体干后会变成很难看的黑褐色，而且菇体也变脆易碎。如遇到阴雨天，长时间不能干透，则会影响干制质量。采用日晒法干制时，最好能和其他干制方法结合起来，在天气不好的情况下，能够及时地采取措施使菇体干透。

2. 土法烘烤法 就是采用火炉、火炕或烤房来干制的方法。这种方法在各地由于情况不同，可能在具体的使用上稍有差异，但基本原理是一样的，通过火的热量加温，在高温下迫使菇体内水分尽快散发，达到干制目的。烘烤时要注意初始火力不要太大，应让温度缓慢升高，一般温度控制在 40℃ 左右为宜。如果温度升得太快太高，菇体内水分不能一下散走，会使菇体在干制后出现发焦变黑。应当待菇体表面略干时，再逐渐把温度升到50℃，当菇体用手去捏有柔韧感时，温度可再升到 60℃，以后控制在此温度下，不要让温度继续升高，直至把菇体烤干为止。在烘烤过程中，由于菇体的受热不均，会出现有些菇体干得快，有些菇体干得慢，这时应把干好的收起，干得慢的继续烘烤。烘烤结束后，不要急于把干菇装袋，尤其不要装在不透气的大塑料袋内，否则菇体会产生"发汗"现象，在塑膜袋内出现水蒸气结露，应把菇体摊凉后再装袋保存。

烘烤法在实际应用时，与日晒法结合使用效果会更好。因为，在烘烤时由于火炉的热量不均匀，造成温度的高低不易控制，加之菇体的含水量很高，如果火力太大，温度升高过快，就会使菇体的受热面变焦发黑，而非受热面则易出水变软；如果火力太小，温度较低，则菇体的水分散失很慢，干制后的菇体会变得较疏松且易碎，干制的产品质量较差。在烘烤前先经过日晒后，菇体已脱去部分水分，菇体组织不像鲜菇那样幼嫩，在火力较大、温度快速升高的情况下，菇体也不会出现变焦发黑的现象。此外，在烘烤时加快排湿也是很重要的措施，因为菇体散发出的水分使室内的空气相对湿度较大，湿度越大干制过程越慢，且干制的质量也差，可安装风扇或排气扇促进室内外气体的流动交换，对加快干制速度和提高干品质量都有好处。

3. 烘干机干燥法　该法是把空气加热后输送到烘干室或在烘干机内把菇体烘干的方法，当干热的气体通过菇体时，可迅速把菇体内的水分带走，因而干制速度快，效率高，干制质量好。烘干机有多种型号，菇农可根据需要和经济条件与经销商联系购买。

（二）干品质量标准表

蘑菇、草菇无论采用哪种干制方法，都应在质量上达到以下指标。

1. 卫生指标　按照《无公害食品　双孢蘑菇》（NY 5097—2002）；《草菇》（NY/833—2004）行业标准，卫生指标应符合表 1-4 的规定。

2. 感官指标　在干品中不允许有霉变菇和杂质异物等，虫蛀或虫蚀菇的比例要控制在一定范围之内。

（1）无霉变　霉变菇的产生易发生在干制时间太长或干品中混杂有未干透的菇体。因此在干制过程中，特别是在采用日晒法时，如遇到阴雨天气要及时地采取措施烘干菇体。对于晒干或烘干的菇体在装袋贮存时，要仔细地把未干透的菇体拣出重新干制。在分装上市前更要仔细地检查是否仍混杂有未干透或已经霉变的菇体，一经发现，坚决拣出。否则上市后再出现霉变，将对产品的声誉和销售造成极大的影响，如果发生中毒或被索赔事件，则造成的损失会更大。

（2）**无杂质异物**　干品中的杂质异物有几种因素造成，一是干制前菇体没有清理干净，菇体上带有泥土和培养料；二是在干制过程中，菇体沾染上了杂质，如晾晒用具不清洁，日晒时大风刮上灰尘等；三是在装袋时操作不严格混入，如石子、小柴棍、头发丝等。因此在干制的每个过程中都要严格把关，做到菇体不带杂质，晾晒用具清洁，在装袋时要头戴卫生帽，绝对不准抽烟，不能边装袋边做其他事，如剪指甲、梳头发等。特别要注意防止把火柴棍、烟头、碎纸片等装到袋里去。按严格要求上市销售的干品中不能有任何杂质。

（3）**虫蛀或虫蚀**　虫蛀与虫蚀主要发生在干品的贮藏过程中。干品没有干透，含水量高于13%，或贮藏间的湿度大使干品返潮，遇到高温天气时就容易发生虫蛀或虫蚀。因此，干品一定要干透，贮藏时应放在阴凉干燥处。一般在干品中虫蛀与虫蚀菇的比例应不超过1%。

3. 含水量指标　干品含水量是一个重要的指标。鲜菇在刚采摘下来时所含的水分有两种形式，一种是游离水，即自由水，是菇体中水分存在的主要形式，干燥过程中容易散失排除。另一种是结合水，或称化合水、束缚水，水分子被结合于菇体菌肉组织的化合物中，这部分水分占12%～13%，在干燥过程中不能被排除。因此干制后的菇体含水量应掌握在12%～13%为宜，含水量低于12%，菇体太干易碎；含水量高于13%，贮藏期较短，且在贮藏环境温度较高时，易发生霉变或虫蛀虫蚀。

4. 色泽指标　蘑菇干制后的自然色泽为乳白色，草菇干制后的自然色泽菌肉为乳白色，包被为灰褐色。其他焦黑色菇均为不正常的色泽。如前所述，焦黑菇主要发生在干制初始时温度升的太快太高，发焦变黑的菇体虽然还能食用，但给人的感观较差，没有干品的特有香味，而且在泡发时也较困难，一般在干品中焦黑菇的比例应不超过1%。

5. 气味指标 蘑菇、草菇干品的正常气味为菇体的清香味，干制后返潮的情况下香味会更浓。但不能过分返潮，用手摸菇体不能有潮湿感，一般在略微返潮后菇体有韧性不易破碎为宜。如果返潮太大，手摸菇体很疲软而潮湿，则需重新晾晒脱去水分，否则装袋后菇体易发生变质或虫蛀虫蚀，并产生不正常的气味。

二、速冻技术

速冻工艺流程：原料挑选→修整→分级→清洗→热烫→冷却→精选→速冻→挂冰衣→装袋、称重→封口→装箱冻藏。

（一）修整分级

采收后，首先对鲜菇原料进行认真挑选，拣出开伞、变色、损伤、菇体残缺等次品菇，去掉菇脚、泥土等杂质，按照标准规格大小分级。

（二）洗涤护色

用水漂洗 2 次，然后用 0.06% 焦亚硫酸钠溶液护色。

（三）热烫冷漂

热烫与冷漂是速冻比较重要的两道工艺。

热烫：在水中加入 0.1% 柠檬酸烧开，放入鲜菇煮沸，煮至熟透、菇心无白心为宜，热烫不能过度，即菇体不宜煮得太熟。

冷漂：热烫后应马上进行冷漂，把菇浸入流动的冷水中，使热烫过的菇体温度尽快降至 10℃ 以下，冷漂后把菇捞在筛上沥掉多余的水分，以免冻结时结块。

（四）低温冷冻

冷漂后菇体通过预冷，先采用 -30℃ 的低温快速冷冻使菇体冻结，然后再置于−18℃以下冻藏。

（五）包装冻藏

蘑菇冻结后要及时进行包装，采用无毒、透明、透气性低的塑料薄膜袋包装，包装间的温度尽量接近冷藏的温度，否则蘑菇质量将会降低。

冻藏要在−18℃条件下的冻藏室内贮藏，冻藏室绝热性能要高，为保持冻藏室温度恒定要安装冷却系统。冻藏室要清洁卫生，无异味，使用前应进行清理、消毒，速冻菇堆放时不要放在地上或紧靠墙壁。

三、盐渍技术

盐渍是将鲜菇清洗干净后，按菇的重量加入一定比例的盐进行腌制加工的过程。盐渍品的保质期一般在 6 个月之内，常作为制作罐头的原料，也可批发给大型宾馆、饭店或零售。由于在盐渍时加入大量的盐，因此盐渍品中的含盐量很高，在炒菜或做汤时，必须在清水中经过多次冲洗，脱去多余的盐分后才能食用。

（一）盐渍防腐的原理

盐渍是利用盐溶液的高渗透压性，使菇体含盐量逐渐与食盐溶液平衡，腐败微生物在盐溶液的高渗透压作用下，细胞内的水分被渗透出来，细胞脱水，原生质收缩，产生质壁分离，迫使菇体内外的微生物因高盐浓度处于生理干燥状态，造成生理干旱现象而死亡，从而达到防止腐败微生物滋生和繁殖的目的。

（二）盐渍工艺流程

技术工艺流程：菇体去泥土杂质→分级→漂洗→预煮杀青→冷却→定色→盐渍→包装。蘑菇、草菇盐渍产品应具有香味，无异味。

1. 准备工作 在盐渍前，首先要准备好盐渍时需要的用具及盐等。用具主要包括漂洗和盐渍用的水池或水缸，杀青用的不锈钢锅或铝锅，贮存用的塑料桶，以及波美比重计、笊篱、压板等，把所有用具都清洗干净备用。原料盐要购买盐业公司专门生产的腌制用盐，如腌菜盐。不可购买工业盐或私盐，这些盐一是不符合卫生标准，二是盐中杂质含量高，含有对人体有害的重金属等，绝对不能使用。腌制盐的购买量，应根据盐渍加工鲜菇的重量来决定，一般可按菇重与盐重之比 1：0.4，即 1 千克鲜菇需要 0.4 千克的盐。此外，在盐渍中还需要用食用柠檬酸调整盐溶液的酸度，食用柠檬酸可到化工商店购买。

2. 鲜菇采摘 盐渍前的准备工作做好后，蘑菇、草菇鲜菇要进行适时采收，原则上是采大留小，当天采收，当天加工，不能过夜。采收后清除掉菇体及菌柄根基部上的杂质，成丛的要逐个分开，同时把菇体按大、中、小分类，分别放在一起，有利于下一步的预煮杀青处理和盐渍，剔除病虫为害的死菇或霉变菇，然后分别对大、中、小菇进行漂洗和杀青。

3. 漂洗杀青 清理干净的菇体要先放入水池或水缸中漂洗 2 次，洗净菇体上的杂物和尘埃，洗净后再捞入不锈钢锅或铝锅中进行煮沸杀青，不能使用铁锅，否则易使菇体变黑。杀青的作用是在沸腾的开水中杀死菇体细胞，抑制酶的活性，防止子实体开伞，排出菇体内水分，使气孔放大以便盐水能很快进入菇体。锅内水温达到 80℃以上时，加入 0.1% 食用柠檬酸，继续加热水烧开后放入鲜菇，鲜菇放入一次不能太多，一般掌握在水与菇之比为 2：1 较好。继续烧开煮沸后，要边煮边翻，把菇体上下翻动，捞去泡沫，煮沸时间在 5~10 分钟为宜。具体要以煮熟为度，一般掌握标准是掰开菇体菌肉色泽一致，无硬心，即可捞出，捞出后菇体在水缸中若下沉表明已完全煮熟，若上浮则表明没有煮透，应继续煮熟，否则未煮熟的菇体易在盐渍过程中发生腐败。

一锅盐水可连续煮 4～5 次，但每次使用后应适量补充点盐水。

蘑菇、草菇煮熟后要及时捞出放入流动的冷水中进行冷却 20～30 分钟，或用 3～4 个缸连续轮流冷却，直至菇体完全冷透为止，不能留有余温。然后再捞出放在筛网上，空去多余的水分，准备进行腌制。

4. 配制饱和盐水 在缸内倒入开水，然后再按水与盐 4∶1 的比例放入盐，边加盐边搅拌，直到盐不能溶解时为止，用波美比重计测其浓度为 23 波美度左右，取其上清液用 8 层纱布进行倒缸过滤，使盐水达到清澈透明，即为配制好的饱和盐水，然后再加入食用柠檬酸，调整饱和盐水的 pH 至 3～3.5，盖上盖备用。

5. 盐渍 先把经过杀青后空去水分的菇体放入缸内，然后加入饱和盐水把菇体腌住，再放上压板，压板上放置干净的石块或其他重物，把菇体全部腌入盐水中，菇体不能露出水面以防变质，最后把盖虚盖上，防止落入灰尘和蝇虫。12 小时后测定缸内的盐水相对密度，若下降至 15 波美度，即需倒缸，把菇体捞出放入另一个缸中，或把缸内的盐水倒出，重新加入 23 波美度的饱和盐水，继续如前的盐渍，直至缸内的盐水浓度稳定在 20 波美度以上为止。

6. 装桶 盐渍过程一般需要 20 天以上，盐渍好的菇体舒展饱满，富有弹性。盐渍结束后，将菇体捞出沥去盐水，放入专用的塑料桶内，每桶净重定量为 50 千克，再加入灌满 pH 在 3～3.5 的饱和盐水，最后在液面上撒一层盐，即可加盖保存或外销。如果盐渍好的菇体不能及时装桶，应在最后一次倒缸调整盐水浓度后，用压板压好，使菇体全部腌没在盐水中，并加盖盖严实，放在低温阴凉处保存。

四、罐藏技术

我国生产的蘑菇罐头品种有整菇、纽扣菇、片状菇和碎菇等，出口罐头用马口铁罐，国内销售还有玻璃瓶和复合膜软罐头等。蘑菇、草菇采收后极易褐变和开伞，在采收、运输和加工过程中，加工流程越快越好。采收后要进行护色处理，菇体不与铁、铜等金属接触，尽量减少机械损伤，预煮漂烫要快速煮沸煮透，快速冷却。

蘑菇、草菇罐头工艺流程如下：鲜菇去杂、去泥土→漂洗护色→脱硫→预煮漂烫→冷却→修整分级→装罐注汁→排气密封→杀菌→冷却→质量检验→装箱贮存。

按照《蘑菇罐头》（GB/T 14151—1999）标准要求，罐藏工艺技术要点如下。

（一）漂洗护色

鲜菇去杂、去泥土后放入 0.03％硫代硫酸钠溶液中，洗去泥沙和杂质，捞出后再放入 0.06％硫代硫酸钠溶液的蘑菇专用桶中浸泡护色。

（二）脱硫漂洗

把菇体从护色液中捞出，用清水漂洗 50 分钟除去残留的护色液，一定要进行脱硫处理，否则对人体有害，按照国标规定二氧化硫残留量不得超过 0.002％。为保证漂洗效果，漂洗液需注意更换，视溶液的混浊程度，使用 1～2 小时更换 1 次。漂洗池的大小按需要而定，在池内靠底部装上可活动的金属滤水板，清洗去的泥沙能随时沉入滤水板下部，使上部水比较清洁。

（三）漂烫杀青

用夹层锅漂烫，先将水加热至 80℃，再加入 2.5％沸盐水和 0.1％柠檬酸，加热至沸，放入菇体漂烫，时间以 8～10 分钟为宜，熟透后捞出用清水迅速冷却，漂烫有进一步清洗脱硫的作用。

（四）修整分级

按产品质量要求严格进行挑选分级和修整，直径 1.5 厘米左右为一级菇；直径 2.5 厘米左右为二级菇；直径 3.5 厘米左右为三级菇；在 4.5 厘米以下的用于加工片菇，直径超过 4.5 厘米以上的大菇、脱柄菇等可加工碎菇。修整时将不合格的开伞菇、无柄无盖菇、残次菇、斑点菇检出，菌褶变黑的也不能做装罐用。

（五）准备空罐

由于空罐容器在加工、运输和贮存过程中可能黏附灰尘、微生物或其他污垢，因此，在装罐前应清洗干净空罐，再用沸水或蒸汽消毒。清洗消毒后容器应尽快装罐，避免久放沾染灰尘。

如果用回收的旧瓶（罐）时，可用 3% 氢氧化钠、1% 磷酸钠和 2% 偏硅酸钠混合液，在 50℃ 的溶液中浸泡清洗 10 分钟，洗净的瓶（罐）再用 80～90℃ 热水进行短时冲洗，除去碱液同时有消毒作用。

（六）装罐注汁

修整分级后再洗涤 1 次，蘑菇即可装罐，装罐应注意以下几个问题：

第一，净重与固形物重量必须符合标准。净重包括罐内食品的固形物重量和汤汁量。净重误差不得超过 3%，但每批平均不能低于标准净重。

第二，按不同的等级分别装罐，不同等级不能混装。

第三，罐头注汤汁时一般预留顶隙 5～8 毫米。

（七）排气封罐

1. 排气　装罐注液后，在封罐之前要进行排气。即通过排

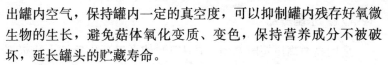

出罐内空气，保持罐内一定的真空度，可以抑制罐内残存好氧微生物的生长，避免菇体氧化变质、变色，保持营养成分不被破坏，延长罐头的贮藏寿命。

2. 封罐

（1）金属罐封罐　有半自动封罐机、自动封罐机和真空封罐机 3 种类型。

半自动封罐机：人工加盖，将罐头紧压在封罐机压头和托底板或升降板之间，而后封罐。

自动封罐机：有单封头、双封头、四封头、六封头及多封头等类型，封头越多，封罐速度越快，生产能力越高。

真空自动封罐机：把罐头送入封罐机的密封室中，连接在真空泵上的管道把罐内空气抽出，同时进行密封。

（2）玻璃瓶封盖　用于玻璃瓶封盖有手扳封盖机和旋盖拧紧机等。

手扳封盖机：在扳柄顶端装有滚压轮，玻璃瓶在托盘上升时与罐盖压头吻合，玻璃瓶由旋转的压头带动，再在滚轮推压下将瓶盖密。

旋盖拧紧机：由机架、输罐、抱罐、拧盖等部分组成，单机头间歇自动拧盖设备，封盖速度每分钟达 60 瓶左右。

（3）软罐头密封　用于软罐头密封的有简单热封机、真空热封机、脉冲真空包装机等设备。

根据包装材料的不同，密封方法有高频密封法、热压密封法和脉冲密封法。

高频密封法：适用于制造复合薄膜袋或软罐头。

热压密封法：适用于聚乙烯类、防潮玻璃纸和聚乙烯复合薄膜材料。

脉冲密封法：兼有高频密封法和热压密封法的优点，操作方便，几乎适用于各种薄膜的密合，其结合强度大，密封强度也胜于高频密封法和热压密封法。

（八）杀菌冷却

采用高温高压短时杀菌，在 121℃的高温高压条件下，根据瓶（罐）容量体积、净重大小的不同，杀菌的时间也不同，瓶（罐）容量体积越大、净重越重，需要的杀菌时间相应延长。一般净重 200 克的杀菌时间为 20 分钟；净重 800 克的杀菌时间 30 分钟；净重 3 000 克的杀菌时间为 40 分钟。冷却采用反压冷却，冷却至 35℃左右。

蘑菇、草菇病虫害防治

蘑菇、草菇病虫害的防治有两个目的，一是通过对病虫害的防治，使蘑菇菌丝体与子实体生长在一个良好的环境中，免受病虫的为害，从而获得高产优质安全性的产品。二是在病虫害的防治中，要尽可能地减少对环境造成的污染。因此，在防治病虫害所采取的每一项措施中，必须兼顾必要性、有效性及安全性，不可盲目地滥用杀菌剂、杀虫剂等剧毒或高残留的化学农药。

第一节　病虫害防治原则

在病虫害防治中最根本的一条原则就是尽量不用或少用化学农药，杜绝使用剧毒或高残留化学农药。因为就化学农药本身而言，它能够控制或杀死病虫必须具有一定的毒性，根据农药毒性大小分为剧毒、高毒、中低毒、低毒4级。但是，从食品安全性的角度来看，毒性低并不说明它的慢性毒性小或者其他毒性小，如某些低毒农药在抑制免疫、阻碍神经发育、致癌性等方面却存在着慢性累积毒性，广义的安全性还包括了对后代的影响，如生殖毒性。食品的农药残留是化学性的，不像食品上的病原微生物，可以通过加热烹调等方法杀灭，农药残留消费者处于无能为力的地位，幼儿、老人、孕妇或病人首先受害。此外，再从保持生态环境的生物多样性来看，毒性低并不说明它对非目标生物种群的毒性小，一些生物种的灭绝可能就是在所谓毒性小的农药累积作用下消失了。近年来，随着世界各国对食品安全及生态环境的日益重视，对农药毒性的认识实际上还远不止这些，随着认识的加深，肯定对农药的使用限制将越来越严格。目前，美国和欧盟等国为了保护国民健康，颁布了一系列农药残留的新标准，并采用了一些先进的人群膳食暴露风险评价方法，分析化学的进步，已可以检测出微克甚至纳克级的残留量，我国食品因残留量超标而退货或停止贸易的事时有发生，食品的农药残留量超标常常被用作非关税壁垒的手段，造成的后果比关税壁垒的损失更大，不仅影响了出口创汇，而且严重影响了食用菌产业的进一步发展。因此，一方面来讲，无论国内还是国外的消费者都不愿意买到有害的食品，另一方面，广大菇农也不愿看到自己辛辛苦苦生产出的产品，由于农药残留的超标不能获得市场准入而蒙受经济损失。

一、病虫害"防"的方法

在蘑菇、草菇生长发育的各个阶段，均可能受到病虫害的侵害。在人工栽培条件下，蘑菇、草菇菌丝体和子实体均富含有高营养，病虫害一旦发生后，传播蔓延速度会很快，防治效果一般不是很理想，如果防治不当还易造成农药的残留污染。因此，在病虫害防治中，必须坚持"防"大于"治"的原则，通过采取各种"防"的措施减少病虫害发生，就可以有效降低"治"的成本，从生产实践来看，只要"防"的措施设计合理，技术到位，病虫害是可以避免的。具体实施措施有以下几种方法。

（一）选用抗病、抗逆性强的品种

在引进蘑菇、草菇品种时，选择的品种生物学特性和栽培性状要与当地气候条件相适应，要选择种性好的品种，种性是决定蘑菇或草菇栽培能否成功的一个主要条件。种性是指它固有的抗

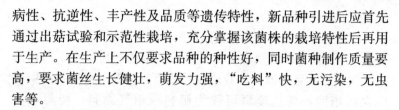

病性、抗逆性、丰产性及品质等遗传特性，新品种引进后应首先通过出菇试验和示范性栽培，充分掌握该菌株的栽培特性后再用于生产。在生产上不仅要求品种的种性好，同时菌种制作质量要高，要求菌丝生长健壮，萌发力强，"吃料"快，无污染，无虫害等。

（二）选择安排适宜的生产季节

要根据当地气候变化的特点和自身的栽培条件，选择安排适宜的生产季节，蘑菇属于中温性菌类，在我国大部分地方，一般顺季栽培适宜在春秋季节进行，若计划反季节栽培时，也要选择适宜的出菇时期，并且栽培设施要具有温度调节的功能，特别是降温设施，要防止高温下病虫害的大量发生。草菇属高温性菌类，在高温季节环境中的病虫害十分猖獗，因此，草菇栽培中病虫害的预防尤为重要，生产季节的安排最好避开极端高温天气。

（三）重视生产环境治理，控制病虫害源头

保持生产环境的整洁卫生是蘑菇、草菇栽培的一个必须条件，保持生产环境的整洁卫生，可以有效地铲除病虫害的藏匿，减少污染源。尤其是在多年生产的场地环境，应定期或不定期地进行环境的清理，接种室、培养室、菇房在使用前都应进行严格消毒。在生产过程中，对发生的病虫害要及时处理，防止病虫害扩大蔓延。

菇房要选择在环境良好的地方，远离病虫害滋生源头；菇房内外要加强环境卫生，防止滋生病虫；加强菇房防范措施，安装防虫网等，阻断病虫进入菇房的通道；操作人员进入工作室要换工作服和鞋，戴工作帽和口罩，手要消毒，防止病原菌和害虫带入工作室。通过对菇房温度、湿度、通风、光照等的调节，创造有利于食用菌生长，不利于杂菌和虫害繁殖生长的环境，菇房里

安装荧光灯利用害虫的趋光性等方法诱杀害虫。

严格进行菇房消毒工作，菇房消毒可用两种方法，一是在菌袋进入菇房前用药剂熏蒸，二是夏天空闲的菇房，可以揭掉薄膜，在烈日下暴晒消毒。栽培废料要及时清理出菇房，污染料应立即销毁，其他废料可作为肥料或沼气原料，切勿乱堆乱放。

（四）严格规范生产操作程序

在生产过程中，每一个阶段都要严格按照规范的生产程序进行操作，不能怕麻烦，不要图省事，"一着不慎、满盘皆输"这句话用在生产上一点也不为过，不论哪一个阶段出事，都可能迫使推倒重来。如母种出现污染就得重新购买，如果出菇袋出现大面积污染，那么前功尽弃，损失更大。

（五）配制最适宜的生长基质

蘑菇或草菇菌丝体的生长发育离不开培养基质，就像绿色植物的根离不开土壤一样。配制最适宜菌丝生长的基质，才能增强它的抗病和抗逆能力，菌丝生长越健壮，越快速，病害的发生几率就越小，即使有小的污染菌丝也能把它覆盖过去。如果基质配制不好，菌丝的生长势差，抗病和抗逆能力降低，病菌就会乘机大量繁殖，侵害菌丝，致使菌丝不能生长而死亡。

（六）创造最适宜的生长环境

蘑菇或草菇菌丝体的生长发育离不开适宜的培养基质，同时也离不开适宜的生长环境。温度、湿度、空气及出菇期适宜的光照对它的生长发育影响很大，在生产上为了避免病虫害的发生，在温度的管理上，一般采取比它要求的温度略低的培养措施，如蘑菇菌丝的最适宜生长温度是23～25℃，但在实际培养过程中温度降低在18～21℃最好，在此温度条件下病菌发生的几率小，菌丝的生长虽然慢了一点，但菌丝却更加健壮。

二、病虫害"治"的方法

（一）生物防治

利用生物农药防治蘑菇、草菇病虫害是"治"的一项重要措施。生物农药的最大优点是产品中没有残毒，对人体无毒害，无副作用，不污染环境，因而具有广阔的应用前景。生物农药是一类利用生物的代谢产物或病虫害的天敌而生产的杀菌杀虫剂，如农抗120、武夷菌素、多抗灵、阿维菌素、Bt乳剂等。这些制剂在农业生产上应用较早，近年来也逐渐在食用菌生产中得到应运，但是，目前在这方面的应用不是很完善，存在的主要问题是生物农药制剂中的有效成分不够稳定，并且在强光的照射下易产生分解，需要在运输、贮存及施用中采取避光措施，如在阴天或晚上施用。此外，与化学农药相比，在灭杀病虫害的效果上也比较慢，且药效作用时间段短。

以下是几种生物制剂的特性及应用情况：

1. 农抗120 是一种抗生素杀菌剂，主要活性成分为碱性水溶性核苷类抗生素，主要用于防治植物的真菌性病害。在农业生产上对防治瓜类枯萎病、小麦白粉病、芦笋枯病、苹果树腐烂病等真菌性病害具有较好的效果。在蘑菇栽培中可用于培养料的灭菌处理，培养室或菇房的空气消毒等，对防治青霉菌、曲霉菌等杂菌有较好的效果。

2. 武夷菌素 是一种抗生素杀菌剂，主要活性成分为含有胞苷骨架的核苷类抗生素，主要用于防治植物的真菌性病害。在农业生产上可防治番茄叶霉病、番茄灰霉病、黄瓜枯萎病、黄瓜黑星病、芦笋茎枯病、西瓜枯萎病、大豆灰斑病。在蘑菇栽培中可用于培养料的灭菌处理，培养室或菇房的空气消毒等，对防治青霉菌、曲霉菌等杂菌有较好的效果。

3. 阿维菌素 是一种大环内酯双糖类杀虫剂，对螨类和昆虫具有胃毒和触杀作用。目前以阿维菌素为主要成分开发的产品有齐螨素、杀虫丁、爱福丁、阿维虫清等，对防治棉铃虫、小菜蛾、蚜虫、螨虫类等具有较好的效果。在蘑菇栽培中可用于防治螨虫和菇蝇等。

4. Bt 乳剂 是一种微生物杀虫剂，该微生物为苏云金杆菌（*Bacillus thuringiensis*），它是一种自然存在的昆虫病原细菌，但对人畜无害。在农业生产上可以防治鳞翅目、双翅目、鞘翅目、膜翅目及直翅目的害虫，对线虫、螨虫、白蚁等也具有毒杀作用。在蘑菇栽培中可用于防治螨虫、线虫、鳞翅目害虫等。

（二）物理防治

物理防治是借助自然因素或采用物理机械的作用杀死或隔离病虫害的方法，主要有以下几种。

1. 干燥法 主要用来对原材料的干燥处理，在配制培养基前通过对原材料在日光下的暴晒，可使藏匿于材料中的部分杂菌和虫卵脱水干燥而死。

2. 水浸法 一是用来对原材料的水浸处理，在配制培养基前通过对原材料在石灰水中的浸泡，不仅可有效地防治杂菌，而且可使害虫在水中缺氧而死。二是用来对菌袋的水浸处理，同样可使菌袋内的害虫缺氧而死。

3. 冷冻法 主要是在冬季栽培中菌袋初发病虫害或发生较轻时，通过突然降温来抑制病虫害的快速蔓延，因为病虫害都喜欢较高的温度，在低温下生长很慢，甚至死亡，尤其对成虫的冻杀作用很好。但是该法应在出菇前或采菇后进行，否则会造成子实体的冻害而死亡，特别是幼小的菇蕾。

4. 避光法 该法主要是应用在菌丝体培养阶段，通过在黑暗下培养的避光措施，一是有利于菌丝的生长，二是可避免一些害虫的趋光性飞入。

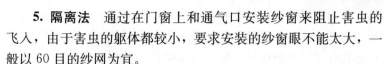

5. 隔离法　通过在门窗上和通气口安装纱窗来阻止害虫的飞入，由于害虫的躯体都较小，要求安装的纱窗眼不能太大，一般以 60 目的纱网为宜。

（三）利用害虫的习性防治

害虫的种类繁多，而不同的害虫又具有不同的习性，如趋味性、趋光性等，可以利用害虫的这些习性来达到捕捉或杀死害虫的目的。

1. 趋味性

（1）香味诱杀　螨虫类对炒熟的菜籽饼或棉籽饼香味有趋味性，因此可将炒熟的菜籽饼或棉籽饼撒到纱布上，诱集螨虫达到一定数量时，再把纱布放到开水中或浓石灰水中浸泡杀死螨虫。

（2）糖醋味诱杀　蝇虫类和螨虫类害虫对糖醋味有趋味性，因此可在盆内放入糖醋液，诱使害虫落在盆内的液体中淹死。

（3）蜜香味诱杀　在 0.1% 鱼藤精或 1：150～200 的除虫菊药液中加入少许蜂蜜，可诱杀跳虫。

2. 趋光性　蝇蚊等害虫具有趋光性，在菇房内挂只黑光灯或日光节能灯，在灯光下放一个诱杀盆，害虫扑灯落入盆中即被杀死。还可在光照处挂黏虫板，板上涂抹 40% 聚丙烯黏胶，害虫一旦落在上边即会被黏住不能飞走，黏住一定数量时再拿出室外处理。

3. 喜湿性　跳虫等害虫喜欢在潮湿的环境中活动，在菇房边角处做一水槽或水沟，可诱使跳虫进入后再杀死。

（四）化学防治

在不得已要使用化学农药时，可以使用高效低毒、低残留的药剂，但禁止在出菇期在菇体上喷药。在病虫害的防治中要尽量不用或少用化学农药，但并不是说绝对不用，除了在《无公害食

品 食用菌栽培基质安全技术要求》（NY 5099—2002）中杜绝使用的剧毒或高残留的化学农药与成分不清的混合型添加剂外，目前在我国已登记注册可在食用菌生产中使用的农药有施保功、锐劲特、菇净、克霉灵、优氯克霉灵、霉得克和保利多7种，这些都是比较新型的低毒高效杀菌杀虫剂，可以根据实际需要选择购买，并按照说明规范使用。

第二节　病害特征与发生规律

一、病害症状

1. 变色　主要发生在菌丝体生长阶段，在培养料上产生绿色、黄色、黑色的霉层或粉状物。

2. 萎蔫　主要发生在子实体生长阶段，菇体逐渐萎蔫干缩死亡。

3. 腐烂　在菌丝体和子实体生长阶段均可发生。在菌丝体生长阶段发生时，培养料呈黏状、发臭变酸。在子实体生长阶段发生时，先从柄基部开始腐烂，逐渐菇体全部发黏腐烂。

4. 畸形　主要发生在子实体生长阶段，菇体呈盖小柄长，或在菌盖上长出许多小的疙瘩。

二、病害分类

根据病害发生原因一般分为生理性病害和非生理性病害两类，但是，近年来我们通过对一些典型病害的调查研究，发现病害发生的原因是因用药不当造成的，而且此类病害的为害性很大，常常造成无法挽回的损失。因此，把这些病害另划为一类，称为"药致性病害"，通过这样的划分，有助于牢固树立安全性生产的意识，有助于对病害的防治。

（一）生理性病害

蘑菇、草菇的正常生长发育离不开适宜的生态环境条件，当环境条件不适或发生剧烈变化时，菌丝体或子实体的生理活动受到阻碍甚至遭到破坏，表现出病害的症状。这种病害由于主要是环境影响所造成，而无病原微生物的侵染，因此，一般把生理性病害又称为非侵染性病害。

生理性病害的常见症状：菌丝在生长过程中纤细灰白或呈绒毛状不"吃料"，子实体柄长盖小或菌盖上出现疙瘩等畸形。

生理性病害产生的病因：极端高温或冻害，营养物质缺乏或过剩，含水量不足或过量，二氧化碳累积浓度太大，培养基 pH 太高或太低等，是导致生理性病害产生的主要原因，当其中一项因素不能满足需要时，就可能使病害发生。

生理性病害的发病机理：由于导致生理性病害产生的原因很多，因而其发病机理也非常复杂，一般认为主要是在不适的环境条件下，菌丝细胞丧失了对部分氮源的利用能力或者是改变了其代谢途径所致。

生理性病害发生的特点：由于没有病原微生物的侵染，在病害较轻的情况下，当致病的内外因素解除后，病害可自行消失而恢复正常生长，即具有可恢复性，这是生理性病害的一个重要特点。因此，当发现生理性病害后要及时地找出原因，并迅速作出恰当的调整，如当菇房内的通风量不足时，会使菇体产生柄长盖小的畸形，而畸形菇会最先产生在菇房的墙角等通风较差的地方，如果发现有少量畸形菇产生时，就应立即改善通风条件，加大通风量，畸形菇就不会再产生。但是，如果采取的措施不及时，畸形菇就可能大量产生，而产生畸形后的子实体，即使通风再好也不可能再恢复为正常的菇体，必须把它采摘后，再出下一潮菇时才能恢复产生菇形正常的子实体。再如低温冻害，子实体在缓慢的生长过程中会产生锯齿状边缘的畸形，或在菌盖上产生一些小的疙瘩。如果温度继续降低，则子实体会因冻害而死亡，尤其是那些小的菇蕾。

根据生理性病害发生的特点，在防治上应明确以下几点：

第一，要配制好培养基，培养基的养分、含水量、pH 等，必须调整在适宜的程度，否则，在后期一旦发现问题，就很难再补救。如培养基 pH 太高或过低，pH 太高时，菌丝纤细灰白，pH 太低时，又会出现退菌的现象。若发现这些问题后再施行补救就很难，即使补救也起不到应有的效果。因此，像这类引起生理性病害发生的内在因素，关键是要做好"防"的工作，避免"治"的成本，防患于未然，才能事半功倍，杜绝此类病害的发生。

第二，对于引起生理性病害发生的外界因素，如极端高温或冻害，二氧化碳累积浓度太大等，除了在日常的管理工作中作好预防外，关键是要细心观察，发现问题及时解决。因为这些外界因素有时是偶然发生的，如秋季冷空气侵入突然降温造成的子实体冻害，或者是春季气温突然升高发生的菌丝体"烧菌"现象等。

（二）非生理性病害

这类病害是由不同的病原微生物侵染菌丝体或子实体后引起的，因此，一般把非生理性病害又称为侵染性病害。可侵染的病原微生物主要有真菌、细菌与病毒等。按侵染病原微生物的不同，又分别称为真菌性病害、细菌性病害、病毒性病害，其中，真菌性和细菌性病害较易发生。常见的真菌性病害有子实体枯萎病，细菌性病害有菌袋腐烂病和子实体腐烂病。

1. 病害特点 传染性是非生理性病害的一个显著特点，也是它与生理性病害在危害性上的不同之处。其传染方式主要是病原微生物在经过侵染引起发病后，病原物就会在菌体内外产生大量的繁殖体，这些繁殖体可以是带菌的材料，也可以是孢子或芽孢等，繁殖体再通过各种途径，如操作时手上带菌，风力传播等侵染更多的寄主，如果某种病菌能够不断地反复侵染引起发病，那么就会造成该病的流行。

2. 病害类型 根据病原微生物的危害方式，主要有寄生性病害、竞争性病害以及寄生兼竞争性同时存在的 3 种病害类型。

寄生性病害的特征：病原微生物可以直接从蘑菇、草菇的菌丝体或子实体里吸取养分，使蘑菇、草菇的生长发育受到影响，产量和品质降低，这类病原物主要是病毒。

竞争性病害的特征：病原微生物着生在培养基质上，并与蘑菇菌丝体争夺养分和生长空间，结果使产量和品质降低，这类病原物主要是细菌。

寄生兼竞争性病害的特征：病原微生物在与菌丝体争夺养分和生长空间的同时，还可分泌出毒素等对菌丝体有害的物质，使菌丝体死亡，这类病原物主要是真菌，如木霉引起的病害。

3. 病害鉴定 主要是根据发病症状和分离出的病原微生物来鉴定，由于不同的病原菌有时会产生相似的症状，所以最终的鉴定结果要以侵染的病原菌为准。

当病原菌侵入后，菌丝体或子实体表现出来的不正常特征称为症状，因此发病症状是病原菌特性和菌体特性相结合的反映。在观察发病症状时，应首先对栽培场地、菇房及其周边的环境有所了解，然后再对病害做仔细观察并做好详细的记载，记载时描述一定要规范准确，有条件的情况下，最好还能拍成照片，以便进一步查对。

在病害特征非常明显，具有典型症状的情况下，可初步判断出病害的类型或病种，如果无法确定时，则需对病原菌作进一步的鉴定，病原菌的分离培养及鉴定可参阅有关书籍。

4. 发病条件 无论是菌丝生长阶段，还是子实体生长阶段，高温、高湿、通风不良的菇房环境都易诱发病害的发生。在不良的环境条件下，首先是菌丝体或子实体的生长受到抑制，出现生理性的病征，紧接着病原菌乘虚而入，并大量繁殖发生病害。

5. 发病规律 如果病害在较大面积上发生，其发病规律通常要经过初侵染和再侵染的过程。病原菌第一次侵染菌种的个体称为初侵染，经过初侵染引起菌体发病后，病原菌在菌体内大量繁殖再侵染其他的菌体，发病规律是一个由点到面，逐步发展的过程。但是，在生产上有时也会突然发生大面积的病害，这种情况除了与菌种本身携带杂菌有关外，往往伴随着气温的突然升高。在高温高湿的环境条件下，由于蘑菇菌不耐高温致使菌体的抗病能力降低，病原菌则乘机大量繁殖，迅速侵染菌体，导致大面积病害的突然发生。

6. 侵染途径 病原菌侵染菌丝体的途径一般有两种，一是培养材料本身带菌，由于在灭菌过程中对杂菌灭杀不彻底，因而在菌丝生长的同时，病菌也随之繁殖扩大并侵害菌丝体。二是外界杂菌的侵入，如接种时操作不严，接种工具和手上带菌，或空气中的病菌进入袋内侵染菌丝体。此外，如果菌种带菌时，则菌种也成为传染源，母种带菌会传染原种，原种带菌会传染栽培种，栽培种带菌又会传染出菇袋，因此，制种一定要严格，杜绝使用混有杂菌的菌种，否则会给生产造成无法挽救的损失，危害性很大。

病原菌侵染子实体的途径主要是通过外界病菌的传播，如覆土材料、不洁净水、害虫以及空气中的病菌。

7. 防治原理 根据非生理性病害发生的特点，在防治上应首先明确菌种、病原菌、环境三者之间的关系，一般来讲，非生理性病害是在病原菌的侵染下发生的，如果没有病原菌的侵染不会产生病害，但是在病原菌侵染的情况下，并不是一定会发病，发病的条件取决于以下两个方面。

一是菌种的抗病性，菌种抗病性是决定是否发病的内在因素，菌种抗病性强弱主要是由遗传因素决定的，菌种抗病性越强发病的几率就越小，菌种抗病性越弱发病的几率就越大。不同品种抗病性不同，同一品种在不同生长阶段抗病能力也有差异。此外，也与其生长的基质有很大关系，基质理化结构好适宜其生长，就有利于发挥它的遗传抗病能力。从生长阶段来看，幼嫩期和衰老期抗病能力弱，旺盛生长期和成熟期抗病能力强。

二是环境的适宜性，从菌种与环境的关系来讲，环境越有利于菌丝和子实体的生长，抗病性越强，发病的几率就低；而环境不利于菌丝和子实体的生长时，抗病能力降低，发病的几率就高。从病害与环境的关系来讲，病害的发生与病原菌的侵染能力有关，而病原菌的侵染能力又与其在环境中的基数有很大的相关性。当环境不适宜病原菌的繁殖时，环境中存在的病原菌基数少，它的侵染能力相对低，发病的几率就低；相反，当环境适宜病原菌的繁殖时，环境中存在的病原菌基数大，其侵染能力强，发病的几率就高。

总之，病害的发生取决于菌种与病原菌的相对强弱，从某种意义上来讲，菌种本身都是具有一定抗病性的，只要不断满足它对环境的要求，为其提供适宜的生长环境，保持它的抗病能力，是可以抵御病害发生的。但是，从另一方面来讲，菌种的抗病性也是相对的，在菌丝和子实体生长发育过程中，每时每刻都有可能受到病原菌的侵染，因为病原菌是一大类，在环境中不同病原菌始终是存在的。只要有病原菌的存在，病原菌就有可能随时对它发起攻击进行侵害，并在一定的环境条件下发生病害。因此，杀灭或抑制环境中病原菌的繁殖，隔绝病原菌或阻断其传播途径，减少病原菌的侵染几率，对于防治病害的发生都是非常重要的。

8. 防治方法　从上述非生理性病害的防治原理出发，在防治方法上可采取以下一些措施。

（1）选用优良品种　要选用抗病性、抗逆性、适应性强的品种，并注意菌种不要退化或老化，各级菌种内不带有杂菌。

（2）材料灭菌要彻底　培养基所选材料要无霉变，并按照要求进行彻底的灭菌，可采用发酵加高温灭菌，或者是高温间歇（也称二次灭菌）灭菌的方法，杀菌效果更好。

（3）把握好接种环节　要严格按照接种程序对接种室、接种工具及双手等进行彻底的消毒，把握好正确的接种方法。对破损的菌袋要及时套袋或粘贴，口圈或纸盖脱落时要及时重新盖好。

（4）搞好环境卫生　要始终保持室内外的环境卫生干净整洁，特别是易产生病菌的废菌袋、废材料等废弃物要远离培养室和菇房，并做覆盖或深埋处理。

（5）适时调控温湿度　根据季节的变化，适时地调控室内的温湿度，并根据温湿度情况进行通风，保持温度、湿度与通风的协调一致。

（三）药致性病害

药致性病害是一类因用药不当对菌丝体和子实体的正常生长发育造成的损害，这类病害与生理性病害或非生理性病害的一个显著不同点是它的不可逆性，即病害一旦发生，就是实质性的，无药也无法可救的，病害会伴随菌体生长发育的整个过程，往往给菇农的生产带来毁灭性的打击。如敌敌畏产生的药害，不仅严重抑制原基的分化，而且还造成子实体的畸形，这种症状往往从出菇开始一直延续到出菇结束。

1. 杀菌剂产生的药害　目前，在生产上使用的主要是一类杀真菌或细菌剂化合物，用途有 3 种：一是培养基的拌料，用于抑制或杀灭栽培材料中杂菌，这类药剂有多菌灵、克霉灵等；二是熏蒸类杀菌剂，用于空气消毒，这类药剂有甲醛、硫黄、克霉灵熏剂等；三是接种用具的浸泡擦洗，用于器皿表面的消毒处理，这类药剂有高锰酸钾、酒精、过氧乙酸、煤酚皂液（俗名来苏儿）等；在三类药剂中，产生药害比较明显的是前两种。在生产上主要表现为过量使用和使用不当，过量使用时使菌丝生长能力减弱，接种后菌丝"吃料"慢，菌丝较细弱，如在生产上由于使用多菌灵成本较低，一些菇农害怕杂菌污染，总是不断地加大其用量，结果适得其反，不仅未能有效杀灭杂菌，反而造成对菌丝生长的药害，使菌种过早地出现退化和老化的症状。使用不当主要表现在，在出菇期用杀菌药剂喷洒在菌袋的表面，或者是在菇房熏蒸杀菌，结果不仅造成幼菇死亡，而且使大量子实体产生畸形。

2. 杀虫剂产生的药害　这种药害的发生具有隐蔽性，即在菌丝体生长阶段没有明显的症状或症状较轻，到了出菇期后才表现出非常严重的病害症状。如非常典型的敌敌畏使用问题，在拌料时或菌丝培养过程中施用后，一般情况下用肉眼来观察，不会发现它对菌丝造成的实质性损害，菌丝生长基本表现正常，菌丝发满菌袋进入出菇阶段后，病害的症状逐步显现出来，首先是出菇期长时间的延迟，在既没有污染，各种环境条件又都没有问题的情况下，迟迟不出菇，菇产量非常低，基本上是绝收，因此这种药害是最重的。

杀虫剂产生的药害除了敌敌畏之外，还有敌百虫、含有六六六成分的熏蒸剂等。

3. 防治原则　谨慎用药、合理用药是防止出现药致性病害的原则。

谨慎用药就是要在用药前首先分析用药的必要性，是否必须用药，是否还有比用药更好的办法。如菇蝇，最先发生在出菇力减弱基本报废的菌袋上，如果菇房内新旧菌袋均有时，清除废袋是比用药更好的办法，只要及时挑选把废菌袋清理出去，在菇房温度不超过 20℃时不会大量发生，因此一般不需要用药。但是，在生产上由于各种病虫害的发生具有不确定性，尤其在出现一些从未见过的病虫害时，为了避免大面积发生造成损失，也要谨慎选购药品，首先保证它对人体是安全的，再通过试用证明它是有效的，然后才可大面积使用。

合理用药就是要根据实际情况来选择用药时间、用药量及用药次数。在出菇期间用药时，一定要在采收完后再施药，并在施药后适当降低菇房的湿度，以利于对病虫害的杀灭。用药量一般应根据使用说明来配制，随配随用，不要放置太长时间，以免使药效降低或发生其他意外事件。用药次数要尽量地减少，只要能把病虫害控制在一定数量，不构成对经济造成较大的损失，用药的次数越少越好。

总之，药致性病害的发生与侵染性病害的防治是一对矛盾的两个方面，但其目的应是一致的，在防治一种病害时要防止产生新的病害，在消除一种病害时要避免发生更大的病害。

第三节 常见杂菌特征与防治

在蘑菇、草菇菌种制作和出菇生产过程中，为害菌丝体的常见杂菌主要是真菌和细菌。真菌类有链孢霉、青霉、木霉、根霉、毛霉、曲霉等，由于这些真菌的侵染在培养材料上常表现为发霉的症状，所以又称为霉菌。霉菌的生物学特征及共同的特点是以腐生方式生存，能进行有性繁殖，菌丝体比较发达。细菌类的有黄单孢杆菌、芽孢杆菌等。这些杂菌与蘑菇、草菇菌丝争夺养分，有些杂菌还会分泌有毒物质抑制菌丝的生长，在出菇阶段直接侵害子实体的杂菌较少，但是在极端高温、高湿与通风不良的情况下，出菇后期菌床或菌袋上也会发生杂菌而为害到子实体。

一、链孢霉属

（一）症状特点

链孢霉属（*Neurospora*）菌丝白色疏松，较长呈网状，在气生菌丝丛的顶部形成枝链。菌丝在5～44℃均能生长，一般在25℃以下生长较慢，在30～35℃生长最快，耐高温，在40～44℃仍能快速生长。分生孢子为红色或橙红色，在空气中借气流或风力传播，在 10～40℃均能萌发，在 20～30℃萌发率最高。链孢霉是一种气生菌丝生长迅速的气生霉，主要发生在 7～8 月的高温季节。在高温高湿的环境下，菌袋一旦被链孢霉污染后，就会在料面上迅速形成粉红色或橙红色的蓬松霉层，这层霉会把菌袋的塑膜撑起，看起来非常光滑，就像袋内注入了气体一样，如果塑膜上有孔隙，则霉层又会快速地伸出袋外，在袋外的塑膜上布满呈球状或团状的橙红色分生孢子堆。在用罐头瓶制作的原种瓶内发生链孢霉污染时，橙红色霉层也会拼命地从塑膜盖的封口处挤出，并产生一个橙红色的球状或团状体就像挂在瓶口处，可见链孢霉的这种气生性、好气性是十分顽强的。在母种被链孢霉污染时，也会在棉塞外产生橙红色的小球状体，特别是在棉塞受潮时，棉塞上会布满这种橙红色的团状物。

（二）防治办法

链孢霉在土壤、栽培材料和空气中均有存在，在接种或培养环境条件差，培养料灭菌不彻底，菌袋上有破洞，棉塞受潮或漏气时，是造成链孢霉侵染的主要途径。侵染后链孢霉能产生大量的分生孢子散布在空气中，通过气流传播落在培养料上后发生再侵染，使污染面迅速扩大，在生产上经常造成边生产边污染的不利局面。因此，链孢霉的侵染一旦发生后，尤其是发生再侵染后，空气中、墙壁、地面等整个环境都有其分生孢子，防治就很困难，会给生产带来很大的损失，尤其在高温季节是一种对蘑菇生产为害最大的杂菌。

防治办法首先是栽培料的灭菌要彻底，实践证明通过发酵后再高温灭菌可以有效地防止污染。其次是要把握好接种环节，除了保持环境整洁外，严格按接种要求进行操作，母种的棉塞、原种的瓶盖、菌袋的口圈与纸盖都要封严实，不要漏气，防止菌袋被硬物等划破。在菌丝培养过程中，注意温湿度与通风的管理。一旦发现污染后，要及时地把污染源拿出室外，在远距离的地方进行掩埋或烧毁处理，防止出现二次污染。如果污染面较大时，要立即停止生产，待把全部的污染源处理完毕后，再对空气、墙壁、地面等整个环境进行一次彻底的杀菌消毒，方可再进行生产。为了防止有可能出现的再污染，有条件的话新生产的菌袋最好与旧袋隔离分开培养，以确保生产的顺利进行，否则，反复的污染将使一个生产季节颗粒无收，甚至会影响到全年生产计划的安排与实施。

二、曲霉属

在蘑菇、草菇栽培中造成为害的主要有黄曲霉（*Aspergillus flavus*）和黑曲霉（*Aspergillus niger*）两个种。

（一）黄曲霉

黄曲霉除了对蘑菇、草菇菌丝造成为害外，更重要的为害是其代谢产物黄曲霉毒素（aflatoxin）对人体具有极强的毒性和致癌性，它能使动物发生急性中毒死亡与致癌，目前，已发现的黄曲霉毒素有 20 多种，黄曲霉毒素耐热性很高，在 280℃ 才能使其裂解破坏毒性，但在强碱性条件下，可使黄曲霉的内脂环破坏形成盐类。因此在蘑菇无公害栽培基质的用料选择中，对霉变材料特别是怀疑有黄曲霉污染的材料要坚决废弃不用。据报道，在各类食品中，花生、玉米的黄曲霉污染最重，大米、小麦较轻，豆类则很少受到污染。故在栽培料配制时不仅主料要求无霉变，辅料的选择同样不能有霉变，此外在发酵处理前调高栽培料的 pH，使其呈强碱性，对消除材料中可能存在黄曲霉的隐患是有好处的。

黄曲霉适宜在温度为 25～32℃、空气湿度为 80%～90% 的环境下生长繁殖，在试管培养基上菌落初期为黄色，随着分生孢子产生逐渐变为黄绿色至褐绿色。在菌袋培养料中，黄曲霉易在发菌的初期或出菇后期发生，发生的主要原因，一是材料中自然存在，培养基配制时含水量偏低，造成发酵不均匀、灭菌不彻底。二是接种过程出现操作问题，菌袋封口不严实，有破损等，使黄曲霉分生孢子进入造成再侵染。防治的办法主要是不用发霉变质的花生壳、棉籽壳、玉米粉、麸皮、米糠等作为培养材料。拌料发酵前调整 pH 至 10 左右，通过发酵后再降到适宜的 pH 7～8。含水量要适宜不能太低，充分地翻堆使发酵均匀利于灭菌。严格按操作要求进行接种，注意菌袋不要破裂，封口要严实防止脱落。

（二）黑曲霉

黑曲霉适宜在温度为 20～30℃、空气湿度为 70％～90％，中性至偏碱性的环境下生长繁殖，在培养料上菌落初期为白色，随着分生孢子产生逐渐变为黑色，分生孢子为球形黑色。黑曲霉广泛存在于土壤、空气、各种有机物及作物秸秆上，同样在栽培原材料中也有存在，尤其是在选用玉米芯作主料栽培时，黑曲霉为害的可能性更大。因为玉米在田间生长期间，玉米穗轴的前端常顶出苞皮而暴露在外，长时间的雨淋日晒，使暴露在外的玉米穗轴前端被黑曲霉菌侵染变成黑头。而玉米芯在粉碎时，由于量大也不可能把黑头部分全部拣出，通过粉碎后就混在了料中，因此选用玉米芯材料，最容易在栽培种和出菇袋中发生黑曲霉的污染。防治办法一是在玉米芯的粉碎前，尽量地拣出黑头玉米芯。二是拌料发酵前把 pH 调整至 10 左右，含水量要适宜，充分地翻堆使发酵均匀，再通过高温灭菌即可基本杀灭黑曲霉菌。

三、青霉属

（一）症状特点

青霉属（*Penicillium* spp.）的菌丝为白色，较细呈扭曲状。

在培养料上初出现时为一白色的小点，之后扩展为白色绒毛状平贴的圆形菌落，接着菌落上产生大量绿色的分生孢子，使菌落的中间变成深绿色或蓝绿色的粉状菌斑，外围则仍有一圈白色的菌落带。这种菌落一般扩展较慢，而且有局限性，即当菌落扩大到一定程度时边缘会呈收缩状而基本不再扩展。但是其菌落上的绿色分生孢子在空气或人为的作用下，会飘落在培养料的其他部位或紧临其原菌落，继续萌发成大小不等的菌落，在这些菌落密集产生时就自然连接成片，菌落的表面再交织在一起，形成一层膜状物，不仅使培养料的透气性变差，严重阻碍蘑菇菌丝的生长，同时还会分泌出毒素使菌丝死亡。

（二）防治办法

青霉菌是蘑菇栽培中易发生的杂菌之一，在接种环境条件差，接种操作不严时常发生在原种瓶的瓶口、栽培种或出菇袋的袋口表面，保持接种间、培养室的干净卫生，严格按接种程序进行操作。由于分生孢子的传播是发生青霉菌污染的主要途径，因此在发现青霉菌初次侵染后，千万不要在培养室或菇房打开菌袋去拨动青霉菌菌落，否则会使其分生孢子在室内传播开来，造成人为的扩散。如果污染的菌落不大，菌袋通过处理还可再用时，应拿出室外先用石灰泥全部盖住污染的菌落，然后再把它挖出埋入土中。

四、木霉属

在蘑菇栽培中造成为害的主要有绿色木霉（*Trichoderma viride*）和康氏木霉（*Trichoderma koningii*）两个种。

（一）绿色木霉

绿色木霉菌污染的特点是其菌丝在与蘑菇菌丝接触后发生缠

绕，同时分泌出毒素切断并杀死蘑菇菌丝。其污染发生过程：如果是在母种培养基上，先长出纤细略透明的菌丝，然后变为白色絮状的菌丝充满试管，接着很快产生绿色的分生孢子，同时在培养基内分泌出淡绿色的色素。在原种瓶或菌袋内发生污染时，先在培养料上长出白色致密的菌丝，然后形成边缘不清晰的菌落，无固定的形状，接着产生绿色的分生孢子，使菌落从中心到边缘逐渐变为深绿色的霉状物。在 25～30℃生长较快，适宜在酸性条件下生长。分生孢子的传播是发生再污染的主要原因，分生孢子在高温高湿的条件下萌发快、萌发率高，当温度在 25～30℃、空气湿度在 95％左右时很快萌发，空气湿度低于 85％时则萌发率较低。因此，在生产上 6～8 月的高温季节，如果培养料呈酸性且含水量偏大，在湿度大、通风不良的情况下，最易发生绿色木霉的污染。在蘑菇的出菇后期，木霉菌污染料面后，也会侵害子实体，先是在菇体的柄基部产生绿色的霉状物，接着发生腐烂，使菇体萎缩死亡。发生厉害时，霉菌菌丝会缠绕在整个菇体上，先是白色，然后变绿腐烂。

防治办法：在菌种或出菇袋培养阶段，加强通风，降低湿度非常有效，采取预防措施，每隔 5 天左右定期在室内喷洒多菌灵或克霉灵 300～400 倍液的效果也很好。在出菇阶段，要及时清理菌袋的料面，如菇根、死菇等，喷水时可在水中加入一点石灰使水略呈碱性，防止培养料的酸化，并具有防止霉菌污染的作用。

（二）康氏木霉

症状特点：在试管培养基上，先长出微毛状无色的菌丝，后变为纯白色的菌丝，接着产生绿色的分生孢子，蘑菇菌丝可与之产生一定的拮抗作用，但由于其生长迅速，菌落扩展很快布满试管，培养基不变色。在菌种瓶或菌袋内，先在培养料上长出白色致密的菌斑，然后迅速生长占满料面，并深入到料内继续生长，不断产生绿色的分生孢子，使菌袋从外到里逐渐变绿，最后发软腐烂。康氏木霉菌丝能耐很高浓度的二氧化碳，在缺氧的情况下也能旺盛生长，在 $25\sim30℃$ 生长最快，适宜在酸性条件下生长。分生孢子易在高温、高湿的环境下萌发，分生孢子借气流的传播是发生再污染的主要途径。

防治办法：康氏木霉同样是在高温、高湿、通风差的情况下易发生，因此防治办法与绿色木霉的基本相同。

五、毛霉属

（一）症状特点

在试管内培养基上发生污染时，毛霉属（Mucor）菌丝初期为灰白色呈絮状，产生孢子囊后逐渐变为有光泽的黄色或褐灰色。在菌种瓶或菌袋内发生污染时，在培养料上首先长出稀疏的灰白色气生菌丝，并快速生长布满料面，继续生长菌丝会越来越密集，在密集层上形成孢子囊组成的许多圆形灰褐色的颗粒。此外，毛霉菌丝还可快速地深入料内生长，使菌袋变成黑色。

（二）防治办法

毛霉菌在土壤、空气、培养材料中都有存在，是一种好湿性杂菌，在潮湿的环境中生长迅速，可产生大量的孢子漂浮在空气中或落在菌袋上，造成菌袋的初侵染或再侵染。毛霉的抗性较强，一般杀菌剂对其作用不大，因此应以预防为主，不要在闷热潮湿的环境下接种，在菌丝培养过程中，注意温度、湿度与通风的管理，适当地降低空气湿度在80％以下，如果空气湿度较大时，一定要加大通风量，尽可能地保持较干燥的环境。

六、根霉属

（一）症状特点

在试管母种培养基上发生污染时，根霉属（*Rhizopus*）霉菌初期在培养基的表面出现灰白色或黄白色匍匐状的菌丝向四周扩展，匍匐菌丝每隔一定距离就长出与基质接触的假根，通过假根从基质中吸取营养和水分。然后在基质表面产生许多黑色的圆球形颗粒状孢子囊，看起来就好像许多倒立的大头针，这是根霉菌最明显的特点。在菌种瓶或菌袋内发生污染时，在培养料上首先长出白色匍匐菌丝，在向四周蔓延中匍匐菌丝与培养料接触处长出褐色的假根，接着在假根处长出黄白色的孢子囊，孢子囊成熟后破裂散出黑色的孢囊孢子，孢囊孢子靠气流传播发生再侵染。

（二）防治办法

在自然状态下，根霉菌存在于土壤、空气、动物粪便、农作物秸秆及培养材料中，根霉菌也是喜湿性菌类，在潮湿的环境下生长旺盛，防治办法与毛霉相同。

七、鬼伞

鬼伞是草菇栽培中的常见杂菌，鬼伞一般比草菇早几天发生，大量发生时与草菇争夺营养，严重影响草菇的产量。鬼伞发生早，生长迅速，开伞快，烂得也快，很快变黑并自溶如墨汁，大量腐烂时，会有很难闻的气味。鬼伞主要靠空气及堆肥的传播，培养料中发酵不充分、培养料 pH 低于 6 时会导致鬼伞的大量发生。

防治办法：选用新鲜培养料，使用前用石灰水浸泡。控制培养料的含氮量，发酵料或发酵栽培时，最好采用二次发酵，发酵时控制培养料的含水量在 70% 以内，以保证高温发酵获得高质量的堆料。同时，调节培养料的 pH 至 10 左右，可大幅减少鬼伞的发生。

八、细菌

（一）症状特点

细菌是一类单细胞形态的微生物，营养体不具丝状结构，繁殖很快。在母种制作时发生的细菌污染比较明显，如果灭菌不彻底，在接种前就可发现培养基斜面上有点状或片状、白色或无色的黏液，说明试管已被细菌污染，不能再用。在接种后出现细菌污染时，一般先是在接种块或其旁边产生白色或黄色的黏液，如果接种块上出现时会造成菌丝不能萌发，或稍萌发一点即被细菌黏液包围，无法生长。在接种块附近出现的细菌斑点不大时，如果菌丝萌发很快，生长迅速，蘑菇菌丝就会把细菌斑点覆盖，如果没有及时把这种被细菌污染的试管挑出来，那么这样的试管母种就带有杂菌，再转接母种或原种时还会造成新的污染。原种或栽培袋发生污染时，培养料会发黏、发酸、发臭，菌丝萎缩死亡。

在出菇阶段，如果用存放时间太长的水或河水等不洁净水喷洒菇体时，由于这些脏水中存在着大量的细菌等微生物，极易造成子实体的污染，特别是幼菇的死亡。

（二）防治办法

母种培养基的污染易发生在基质太软、凝固不好、斜面上有水珠的情况下，因此在配制培养基时要适量多加入琼脂，尤其是在夏季高温的季节，灭菌后要等水珠没有后再接种，并按接种要求来操作。接种后要仔细观察有无细菌污染，防止把带有细菌的

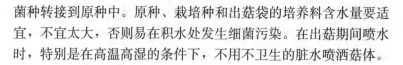

菌种转接到原种中。原种、栽培种和出菇袋的培养料含水量要适宜，不宜太大，否则易在积水处发生细菌污染。在出菇期间喷水时，特别是在高温高湿的条件下，不用不卫生的脏水喷洒菇体。

第四节　害虫发生规律与防治

在蘑菇、草菇栽培过程中发生的虫害主要是腐生性的害虫，俗称为"腐烂虫"。为害方式多以幼虫咬食菌丝体或子实体，大量发生后幼虫对菌丝体的为害最大，能在短时间内使菌袋两端菌丝消失，发生所谓的退菌现象，在子实体上则产生缺刻或孔洞。

一、蚤蝇类

蚤蝇又名粪蝇、厕蝇。为害食用菌的蚤蝇有 10 余种，为害蘑菇、草菇的主要是大蚤蝇。

大蚤蝇主要发生在 6～9 月的高温季节，气温低于 15℃很少发生，气温高于 20℃逐渐增多，气温高于 25℃时就具备了大发生的气象条件，是为害菌袋和出菇袋的常见害虫。大蚤蝇一般成虫体长 2～3 毫米，黑色，头部有一对短而带芒的触角，中胸背板隆起较高。成虫在菌袋上或料面产卵后，发育成幼虫，幼虫体白色至淡黄色，头的前端尖，颜色与体色一致。幼虫逐渐向料内蛀蚀菌丝，受害菌丝萎缩，由白变黑而出现退菌现象。成虫有较强的趋光性，菇房内发生严重时，在顶棚透光的塑膜上常可看到落满了黑色的成虫。成虫对菌丝还有很强的趋向性，可从很远的地方飞入菇房。大蚤蝇平时主要栖息在腐烂的杂物垃圾上，因此，在防治上首先要搞好菇房内外的清洁卫生，门窗及通气窗安装细眼的纱窗，菇房内的废菌袋要及时清理。如果大蚤蝇发生严重时，采用不含有敌敌畏或六六六成分的灭蚜烟剂效果较好，因为虫蝇在菌袋的缝隙间也存在很多，农药喷洒时一般不易喷到，而烟剂在空气中可以随气流到处散布，所以熏杀害虫的效果比喷洒药剂的好。使用灭蚜烟剂时应在出菇前或菇潮间熏蒸，避免药剂对子实体产生毒害或子实体吸附农药使残留量超标。

二、果蝇类

果蝇类主要的种类有食菌大果蝇、黑腹果蝇、布氏果蝇、二点果蝇等，在蘑菇、草菇栽培中发生为害的主要是黑腹果蝇。

黑腹果蝇成虫黄褐色，腹膜有黑色环纹 5～7 节，复眼有红、白色变型。雄性成虫腹部末端钝而圆，颜色深，有黑色环纹 5 节。雌性成虫腹部末端尖，颜色较浅，有黑色环纹 7 节。幼虫乳白色，蛆形，能蛀蚀菌丝和培养料，使菌袋料面上产生水渍状腐烂。幼虫孵化后经二次脱皮成为老熟幼虫，体长 4.5～5.0 毫米，爬在较干燥的菌袋壁上化蛹，初期白色而软，后变黄褐色并硬化。成虫有趋光性和趣腐性，常栖息在腐烂的水果、食品废料堆等杂物垃圾上，防治办法与大蚤蝇的防治同。

三、跳虫类

跳虫是一类体型较小无翅的有害昆虫，因之色泽为灰色或灰黑色并具跳跃性，故俗称香灰虫、烟灰虫、跳跳虫，为害食用菌类的有菇疣跳虫、紫跳虫、黑扁跳虫等。在蘑菇栽培中发生为害的主要是姬园跳虫。

姬园跳虫成虫体长 1 毫米左右，褐灰色或灰黑色，胸环节明显，5 腹节、6 腹节可辨。触角较头部长，共有 4 节，爪内缘小齿，弹器基节与端节长约为 5：2，端节上有细微锯齿。卵球状，白色较透明，幼虫颜色较白，体形似成虫，休眠后脱皮色泽渐变成褐灰色或灰黑色。跳虫生长的适宜温度为 25℃左右，习性平时喜欢生活在潮湿隐蔽的草丛，杂物的堆放处或其他有机质丰富的场所，取食死亡腐烂的有机物质等，进入菇房后，以成虫为害取食菌丝或子实体，主要是群集在接种穴周围或聚集于菌柄与菌盖连接处取食菌褶，一旦受惊随即跳离。跳虫的口器为咀嚼式，啃食菌丝、菌皮、菌肉，幼小菇蕾被啃食后生长受阻直至枯萎或产生畸形，子实体中后期被啃食后，菇体出现缺刻或凹陷斑。成虫还会携带病原菌或病毒。防治办法：跳虫是栽培环境过于潮湿、卫生条件差的指示害虫，应以预防为主，及时排除栽培场所的积水，清理杂物，出菇期发生跳虫为害，可喷 0.1％鱼藤精或 1：150 的除虫菊。

四、螨虫类

在分类上螨虫类属蛛形纲、蜱螨目的一个类群。由于螨虫的体型较小，犹如虱子，故又在食用菌虫害防治中上把它称为"菌虱"。常见的种类有粉螨、嗜菌跗线螨、长足螨、长毛食酪螨、钝尾螨。在蘑菇栽培中发生为害的主要是粉螨。

粉螨较小，卵圆形，体长不超过 1 毫米，背面黄褐色，有横沟将躯体分成两部分。前部为颚体部，着生两对前足，后部着生两对后足，口器咀嚼式。休眠体圆形，繁殖力强，在 25℃适温下 15 天繁殖一代，产卵几十个，成虫有性二型现象。雄虫第一对足较其他足粗大，且腿节有齿。雌虫第一对足较其他足小，腿节不具齿。雄虫肛门孔周围有吸盘，雌虫则没有。粉螨一般潜伏在秸秆、米糠、麸皮等培养料中，依靠雄虫的吸盘吸附在蚊蝇等昆虫体上进行传播。粉螨可以为害菌丝体和子实体，它可以从菌种瓶和菌袋的封口处钻入瓶或袋内把菌丝咬断，造成菌丝的衰退，甚至把菌丝大部分吃光，使得菌种瓶和菌袋报废。它还咬食小菇蕾，引起菇蕾死亡，同时直接为害成熟的子实体，造成子实体表面不规则的褐色凹陷。防治办法：蘑菇采用的是熟料栽培，通过高温灭菌后袋内不会有粉螨的存在。栽培中发生的害螨全部来自于外界，因此，一定要搞好栽培场地及菇房的环境卫生，并尽量使菇房与原料的存放隔离较远，及时清除死菇和废料。在原种或栽培种培养中，封口要严实，一旦发现菌种内有粉螨时，决不能再转接菌袋，防止人为地把害螨带入菇房。此外，在覆土时，土壤中存在的虫卵也是一个外界粉螨进入菇房的主要途径，尤其是泥炭土或草炭土中的虫卵更多，因此，在覆土前应把覆土材料先暴晒3～4天，然后再堆积发酵2～3天，发酵时加入菊酯类农药杀虫的效果更好。

五、线虫类

线虫的种类很多，其中常见的有噬菌丝茎线虫、居肥滑刃线虫、伊可萨皮线虫、刚硬全凹线虫、三唇线虫。在蘑菇栽培中发生为害的主要是噬菌丝茎线虫。

噬菌丝茎线虫为白色的长圆柱形，长约1毫米，宽约0.03毫米，两头稍尖细，不分节，半透明。前端为头部和口唇，口针长约10微米，背食道腺开口接近口针基部，侧线每侧各6条，后食道球非常大。雌虫生殖腺1条，有后子宫囊；雄虫侧尾腺在交合伞前。为害方式是分泌的消化液通过口针注入菌丝细胞，然后吸取和消化菌丝的营养。菌袋受到线虫的侵害后，菌丝体变得稀疏，培养料呈疏松状。

噬菌丝茎线虫在潮湿的土壤、粪肥、草堆及各种腐烂的有机物上、不清洁的水中都有存在，蘑菇栽培中发生为害的噬菌丝茎线虫，在菌种培养室主要是由于人员进出时，脚上黏的泥土中存活有线虫，尤其是在阴雨天进入时带入的泥土。在出菇房发生的线虫，主要来自于长时间使用的老菇房潮湿的地面或使用不清洁的水，以及覆土的材料中存活有线虫。防治办法：线虫体小而密，无论是菌种培养室还是出菇房，一旦发生线虫的为害后，很难一下根治，因此重在于防。出入菌种培养室时最好更换拖鞋，不要让闲杂人员随便进入，保持地面的清洁卫生。发现线虫后，要及时地把受到线虫侵害的菌袋清理出菇房，若发生严重时可用磷化铝进行熏杀，磷化铝有极强的毒性，在使用时要严格按照说明要求去做。菇房内的重点是及时地清除烂菇、废料，水不清洁的可加入漂白粉或适量的明矾进行杀菌沉淀，覆土材料要进行杀菌灭虫处理后才能使用。

附录一　无公害食品　双孢蘑菇
（NY 5097—2002）

1　范围

本标准规定了无公害双孢蘑菇的质量要求、试验方法、检验规则、标志、包装、运输和贮存。本标准适用于人工栽培的双孢蘑菇（*Agaricus bisporus*）、双环蘑菇（*Agaricus biotorguis*，俗称大肥菇、高温蘑菇）鲜品。

2　规范性引用文件

下列文件中的条款通过本标准的引用而成为本标准的条款。凡是注日期的引用文件，其随后所有的修改单（不包括勘误的内容）或修订版均不适用于本标准，然而，鼓励根据本标准达成协议的各方研究是否可使用这些文件的最新版本。凡是不注日期的引用文件，其最新版本适用于本标准。

GB/T 5009.11　食品中总砷的测定方法

GB/T 5009.12　食品中铅的测定方法

GB/T 5009.15　食品中镉的测定方法

GB/T 5009.17　食品中总汞的测定方法

GB/T 5009.19　食品中六六六、滴滴涕残留量的测定方法

GB/T 5009.20　食品中有机磷农药残留量的测定方法

GB/T 5009.34　食品中亚硫酸盐的测定方法

GB/T 5009.38—1996　蔬菜、水果卫生标准的分析方法

GB 9687　食品包装用聚乙烯成型品卫生标准

GB 9688　食品包装用聚丙烯成型品卫生标准

GB/T 12530　食用菌取样方法

GB/T 12531　食用菌水分测定

GB/T 12533　食用菌杂质测定

GB/T 14929.4　食品中氯氰菊酯、氰戊菊酯和溴氰菊酯残留量测定方法

3　要求

3.1　感官指标

应符合表1规定。

表1　无公害双孢蘑菇的感官指标

项　　目	要　　求
外观	白色、乳白色、棕色，菇形圆整、饱满、不开伞，大小较均匀，无菌斑、褐斑
气味	有双孢蘑菇或双环蘑菇特有的香味，无异味
霉烂菇	无
虫蛀菇（%）（质量分数）	≤0.5
水分（%）	≤91

3.2　卫生指标

应符合表2规定。

表2　无公害双孢蘑菇的卫生指标

项　　目	指　标（mg/kg）
砷（以 As 计）	≤0.5
汞（以 Hg 计）	≤0.1
铅（以 Pb 计）	≤1
镉（以 Cd 计）	≤0.5
亚硫酸盐（以 SO_2 计）	≤50
六六六（BHC）	≤0.1
滴滴涕（DDT）	≤0.1

（续）

项　目	指　标（mg/kg）
多菌灵（carbendazim）	≤0.5
敌敌畏（dichlorvos）	≤0.5

注：根据《中华人民共和国农药管理条例》，剧毒和高毒农药不得在蔬菜（包括食
　　用菌）生产中使用。

4　试验方法

4.1　感官指标的检验

4.1.1　肉眼观察外观、霉烂菇、虫蛀菇的情况。

4.1.2　鼻嗅气味。

4.1.3　水分　按 GB/T 12531 规定执行。

4.2　卫生指标的检验

4.2.1　砷　按 GB/T 5009.11 规定执行。

4.2.2　汞　按 GB/T 5009.17 规定执行。

4.2.3　铅　按 GB/T 5009.12 规定执行。

4.2.4　镉　按 GB/T 5009.15 规定执行。

4.2.5　亚硫酸盐　按 GB/T 5009.34 规定执行。

4.2.6　六六六、滴滴涕　按 GB/T 5009.19 规定执行。

4.2.7　多菌灵　按 GB/T 5009.38—1996 中 4.7 规定执行。

4.2.8　敌敌畏　按 GB/T 5009.20 规定执行。

5　检验规则

5.1　检验分类

5.1.1　型式检验

　　型式检验是对产品进行全面考核，即对本标准规定的全部要
求进行检验。有下列情形之一者应进行型式检验：

　　a）国家质量监督机构或行业主管部门提出型式检验要求；

　　b）前后两次抽样检验结果差异较大；

　　c）因为人为或自然因素使生产环境发生较大变化。

5.1.2　交收检验

　　每批产品交收前，生产者应进行交收检验。交收检验内容包括感官、标志和包装。检验合格后并附合格证方可交收。

5.2　组批规则

　　同一产地、同时采收的双孢蘑菇作为一个检验批次。

5.3　抽样方法

5.3.1　抽样　按 GB/T 12530 规定执行。

5.3.2　报验单填写的项目应与实货相符，凡与实货不符、包装严重损坏者，应由交货单位重新整理后再行取样。

5.4　包装检验

　　按第 7 章的规定执行。

5.5　判定规则

　　感官指标和卫生指标有一项不能达到要求的，即判该批次产品不合格。

6　标志

　　包装上的标志和标签应标明产品名称、生产者、产地、净含量和采收日期等，字迹应清晰、完整、准确。

7　包装、运输和贮存

7.1　包装

7.1.1　外包装（箱、筐）应牢固、干燥、清洁、无异味、无毒，便于装卸、仓储和运输。内包装材料卫生指标应符合 GB 9687 或 GB 9688 规定。

7.1.2　每批报验的产品其包装规格、单位净含量应一致。

7.1.3　包装检验规则：逐件称量抽取的样品，每件的净含量不应低于包装标识的净含量。

7.2 运输

7.2.1 运输时轻装、轻卸，避免机械损伤。

7.2.2 运输工具要清洁、卫生、无污染物、无杂物。

7.2.3 防日晒、防雨淋，不可裸露运输。

7.2.4 不得与有毒有害物品、鲜活动物混装混运。

7.2.5 应在低温条件下运输，以保持产品的良好品质。

7.3 贮存

在1℃～5℃的冷库中贮存。

附录二　可在食用菌栽培中使用的农药产品及使用方法

序号	产品登记证号	产品名称	登记作物名称	防治对象名称	用药量	施用方法	生产厂家
1	LS20001214	50%咪鲜胺锰盐可湿性粉剂	蘑菇	湿泡病	0.4~0.6克/米^2	喷雾	江苏辉丰农化股份有限公司
2	LS2001627	50%咪鲜胺锰盐可湿性粉剂	蘑菇	褐腐病	0.4~0.6克/米^2	喷雾或拌土	江苏省南通江山农药化工股份有限公司
3	LS20021838	500克/升噻菌灵悬浮剂	蘑菇	褐腐病	0.2~0.4克/千克 0.75克/米^2	拌料/喷雾	瑞士先正达作物保护有限公司
4	PD20050096	40%噻菌灵可湿性粉剂	蘑菇	褐腐病	0.3~0.4克/米^2	菇床喷雾	台湾隽农实业股份有限公司
5	PD386—2003	50%咪鲜胺可湿性粉剂	蘑菇	褐腐病、白腐病	0.4~0.6克/米^2	拌于覆盖土或喷淋菇床	德国拜耳作物科学公司
6	LS20031183	4.3%高氟氯氰·甲阿维乳油	食用菌	菌蛆、螨	0.001 3~0.002 2克/米^2	喷雾	江苏省苏科农化有限责任公司
7	LS2001918	50克/升氟虫腈悬浮剂	食用菌	菌蛆	0.015~0.02克/米^2	喷雾	拜耳杭州作物科学有限公司
8	LS94793	30%百·二氯异氰可湿性粉剂	平菇	绿霉病	0.3~0.5克/千克	干料拌料	山西奇星农药有限公司
9	LS95328	40%二氯异氰尿酸钠可溶性粉剂	平菇	木霉菌	0.4~0.48克/千克	干料拌料	山西康派伟业生物科技有限公司
10	LS20051329	30%百·福可湿性粉剂	食用菌	疣孢霉菌、木霉菌	0.09~0.18克/米^2	喷雾	江苏省苏科农化有限责任公司

注：以上农药已在农业部登记获准使用。

主要参考文献

李汉昌 . 2009. 白色双孢蘑菇栽培技术 [M] . 北京：金盾出版社 .

娄隆后，朱慧真，周璧华 . 1984. 食用菌生物学特性及栽培技术 [M] . 北京：中国林业出版社 .

农业部市场与经济信息司组，徐汉虹 . 2010. 生产无公害农产品使用农药手册 [M] . 北京：中国农业出版社 .

农业部微生物肥料和食用菌菌种质量监督检验测试中心，中国标准出版社第一编辑室 . 2006. 食用菌技术标准汇编 [M] . 北京：中国标准出版社 .

杨国良，韩继刚，朱宝成 . 2003. 草菇无公害生产技术 [M] . 北京：中国农业出版社 .

张金霞 . 2004. 食用菌安全优质生产技术 [M] . 北京：中国农业出版社 .

图1 人防工事内栽培的蘑菇

（李彩萍 拍摄）

图2 菇房床架栽培的蘑菇

（李彩萍 拍摄）

图3 正在破土而出的蘑菇

（李彩萍 拍摄）

图4 菇农在进行出菇前的管理

（李 平 拍摄）

图5 砖瓦结构菇房

（李彩萍 拍摄）

图6 竹架结构草帘覆膜菇房

（李彩萍 拍摄）

图7 工人在用装袋机装菌袋

（李 平 拍摄）

图8 工人在接种室接种

（李 平 拍摄）

图9 开苞和苞被完整的草菇

（李 平 拍摄）

图10 草菇横切面

（李彩萍 拍摄）

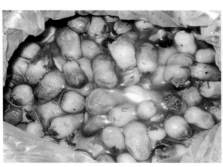

图11 桶装盐渍草菇

（李 平 拍摄）

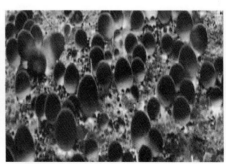

图12 发酵料床栽草菇

（李 平 拍摄）